图解现场施工实施系列

# 图解钢结构工程现场施工

土木在线　组编

机械工业出版社

本书是由国内知名的建筑专业施工网站——土木在线组织编写，精选大量的施工现场实例，涵盖了钢结构工程中各项内容。书中内容具体、全面，图片清晰，图面布局合理，具有很强的实用性与参考性。本书可供建筑业的工程技术人员参考使用。

**图书在版编目（CIP）数据**

图解钢结构工程现场施工/土木在线组编. —北京：机械工业出版社，2013.12（2024.11 重印）
（图解现场施工实施系列）
ISBN 978-7-111-45705-3

Ⅰ.①图… Ⅱ.①土… Ⅲ.①钢结构-建筑工程-工程施工-图解 Ⅳ.①TU758.11-64

中国版本图书馆 CIP 数据核字（2014）第 023559 号

机械工业出版社（北京市百万庄大街 22 号 邮政编码 100037）
策划编辑：张大勇 责任编辑：张大勇 范秋涛
版式设计：赵颖喆 责任校对：纪 敬
封面设计：张 静 责任印制：刘 媛
涿州市京南印刷厂印刷
2024 年 11 月第 1 版第 13 次印刷
184mm×260mm·12.25 印张·292 千字
标准书号：ISBN 978-7-111-45705-3
定价：29.80 元

凡购本书，如有缺页、倒页、脱页，由本社发行部调换
电话服务                   网络服务
服务咨询热线：010-88361066    机 工 官 网：www.cmpbook.com
读者购书热线：010-68326294    机 工 官 博：weibo.com/cmp1952
            010-88379203     金 书 网：www.golden-book.com
**封底无防伪标均为盗版**          教育服务网：www.cmpedu.com

# 前　　言

随着我国经济的不断发展，我国建筑业发展迅速，如今建筑业已成为我国国民经济五大支柱产业之一。在近几年的发展过程中，由于人们对建筑物外观质量、内在要求的不断提高和现代法规的不断完善，建筑业也由原有的生产组织方式改变为专业化的工程项目管理方式。因此对建筑劳务人员职业技能提出了更高的要求。

本套"图解现场施工实施系列"丛书从施工现场出发，以工程现场细节做法为基本内容，并对大部分细节做法都配有现场施工图片。以期能为建筑从业人员，特别是广大施工人员的工作带来一些便利。

本套丛书共分为5册，分别是《图解建筑工程现场施工》《图解钢结构工程现场施工》《图解水、暖、电工程现场施工》《图解园林工程现场施工》《图解安全文明现场施工》。

本套丛书最大的特点就在于，舍弃了大量枯燥而乏味的文字介绍，内容主线以现场施工实际工作为主，并给予相应的规范文字解答，以图文结合的形式来体现建筑工程施工中的各种细节做法，增强图书内容的可读性。

本书在编写过程中，汇集了一线施工人员在各种工程中的不同细部做法经验总线，也学习和参考了有关书籍和资料，在此一并表示衷心感谢。由于编者水平有限，书中难免会有缺陷和错误，敬请读者多加批评和指正。

参与本书编写的人员有：邓毅丰、唐晓青、张季东、杨晓超、黄肖、王永超、刘爱华、王云龙、王华侨、梁越、王文峰、李保华、王志伟、唐文杰、郑元华、马元、张丽婷、周岩、朱燕青。

# 目 录

# 第一章 原材料及成品进场

## 第一节 钢 材

### 一、碳素结构钢

#### 1. 实际案例展示

#### 2. 牌号表示方法

碳素结构钢是最普通的工程用钢，建筑钢结构中主要使用低碳钢（其含碳量在0.28%以下）。按国家标准《碳素结构钢》（GB 700—2006），碳素结构钢分为5个牌号，即Q195、Q215、Q235、Q255、Q275。其中Q235钢常为一般焊接结构优先选用。

碳素结构钢的牌号由代表屈服点的字母、屈服点数值、质量等级符号、脱氧方法符号四个部分按顺序组成。例如：Q235AF。

Q——钢材屈服点"屈"字汉语拼音首位字母；

235——屈服点数值（MPa）；

A、B、C、D——质量等级；

F——沸腾钢"沸"字汉语拼音首位字母；

b——半镇静钢"半"字汉语拼音首位字母；

Z——镇静钢"镇"字汉语拼音首位字母；

TZ——特殊镇静钢"特镇"两字汉语拼音首位字母。

在牌号组成表示方法中，"Z"与"TZ"符号予以省略。

## 3. 技术要求

（1）牌号和化学成分

1）钢的牌号和化学成分（熔炼分析）应符合表 1-1 规定。

表 1-1　钢的牌号和化学成分

| 牌号 | 统一数字代号[①] | 等级 | 厚度（或直径）/mm | 脱氧方法 | 化学成分（质量分数）（%），不大于 | | | | |
|---|---|---|---|---|---|---|---|---|---|
| | | | | | C | Si | Mn | P | S |
| Q195 | U11952 | — | — | F、Z | 0.12 | 0.30 | 0.50 | 0.035 | 0.040 |
| Q215 | U12152 | A | — | F、Z | 0.15 | 0.35 | 1.20 | 0.045 | 0.050 |
| | U12155 | B | | | | | | | 0.045 |
| Q235 | U12352 | A | — | F、Z | 0.22 | 0.35 | 1.40 | 0.045 | 0.050 |
| | U12355 | B | | | 0.20[②] | | | | 0.045 |
| | U12358 | C | | Z | 0.17 | | | 0.040 | 0.040 |
| | U12359 | D | | TZ | | | | 0.035 | 0.035 |
| Q275 | U12752 | A | — | F、Z | 0.24 | 0.35 | 1.50 | 0.045 | 0.050 |
| | U12755 | B | ≤40 | Z | 0.21 | | | 0.045 | 0.045 |
| | | | >40 | | 0.22 | | | | |
| | U12758 | C | — | Z | 0.20 | | | 0.040 | 0.040 |
| | U12759 | D | | TZ | | | | 0.035 | 0.035 |

① 表中为镇静钢、特殊镇静钢牌号的统一数字，沸腾钢牌号的统　数字代号如下：

　Q195F——U11950；

　Q215AF——U12150，Q215BF——U12153；

　Q235AF——U12350，Q235BF——U12353；

　Q275AF——U12750。

② 经需方同意，Q235B 的碳含量可不大于 0.22%。

① D 级钢应含有足够的形成细晶粒结构的元素，并在质量证明书中注明细化晶粒元素的含量。当采用铝氧时，钢中酸溶铝含量不小于 0.015%，或总铝含量不小于 0.020%。

② 钢中残余元素铬、镍、铜含量应各不大于 0.30%，氮含量应不大于 0.008%。如供方能保证，均可不做分析。

A. 氮含量允许超过上述的规定值，但氮含量每增加 0.001%，磷的最大含量应减少 0.005%，熔炼分析氮的最大含量应不大于 0.012%；如果钢中的酸溶铝含量不小于 0.015% 或总铝含量不小于 0.020%，氮含量的上限值可以不受限制。固定氮的元素应在质量证明书上注明。

B. 经需方同意，A 级钢的铜含量可不大于 0.35%。此时，供方应做铜含量的分析，并在质量证明书中注明其含量。

③ 钢中砷的含量应不大于 0.080%。用含砷矿冶炼生铁所冶炼的钢，砷含量由供需双方协议规定。如原料中没有含砷，可不做砷的分析。

④ 在保证钢材力学性能符合国家现行标准规定情况下，各牌号 A 级钢的碳、硅、锰含量可以不作为交货条件，但其含量应在质量证明书中注明。

⑤ 在供应商品钢锭、连铸坯和钢坯时，为保证轧制钢材各项性能符合国家标准要求，可以根据需方要求规定各牌号的碳、锰含量下限。

2）成品钢材、连铸胚、钢坯的化学成分允许偏差应符合《钢的成品化学成分允许偏差》（GB/T 222—2006）中表 1 的规定。

沸腾钢成品钢材和钢坯的化学成分偏差不做保证。

（2）交货状态　钢材一般以热轧、控轧或正火状态交货。

（3）力学性能

1）钢材的拉伸和冲击性能应符合表 1-2 规定，弯曲性能应符合表 1-3 规定。

**表 1-2　钢材的拉伸和冲击性能**

| 牌号 | 等级 | 屈服强度[①]$R_{elt}$/（N/mm²），不小于 | | | | | | 抗拉强度[②]$R_m$/（N/mm²） | 断后伸长率 A（%），不小于 | | | | | 冲击试验（V 形缺口） | |
|---|---|---|---|---|---|---|---|---|---|---|---|---|---|---|---|
| | | 厚度（或直径）/mm | | | | | | | 厚度（或直径）/mm | | | | | 温度/℃ | 冲击吸收功（纵向）/J 不小于 |
| | | ≤16 | >16~40 | >40~60 | >60~100 | >100~150 | >150~200 | | ≤40 | >40~60 | >60~100 | >100~150 | >150~200 | | |
| Q195 | — | 195 | 185 | — | — | — | — | 315~430 | 33 | — | — | — | — | — | — |
| Q215 | A | 215 | 205 | 195 | 185 | 175 | 165 | 335~450 | 31 | 30 | 29 | 27 | 26 | — | — |
| | B | | | | | | | | | | | | | +20 | 27 |
| Q235 | A | 235 | 225 | 215 | 215 | 195 | 185 | 370~500 | 26 | 25 | 24 | 22 | 21 | — | — |
| | B | | | | | | | | | | | | | +20 | 27[③] |
| | C | | | | | | | | | | | | | 0 | |
| | D | | | | | | | | | | | | | -20 | |
| Q275 | A | 275 | 265 | 255 | 245 | 225 | 215 | 410~540 | 22 | 21 | 20 | 18 | 17 | — | — |
| | B | | | | | | | | | | | | | +20 | 27 |
| | C | | | | | | | | | | | | | 0 | |
| | D | | | | | | | | | | | | | -20 | |

① Q195 的屈服强度值仅供参考，不做交货条件。

② 厚度大于100mm 的钢材，抗拉强度下限允许降低20N/mm²。宽带钢（包括剪切钢板）抗拉强度上限不做交货条件。

③ 厚度小于25mm 的 Q235B 级钢材，如供方能保证冲击吸收功值合格，经需方同意，可不做检验。

**表 1-3　钢材的弯曲性能**

| 牌　号 | 试样方向 | 冷弯试验180° $B=2a$[①] | |
|---|---|---|---|
| | | 钢材厚度（或直径）[②]/mm | |
| | | ≤60 | >60~100 |
| | | 弯心直径 d | |
| Q195 | 纵 | 0 | — |
| | 横 | 0.5a | |
| Q215 | 纵 | 0.5a | 1.5a |
| | 横 | a | 2a |

（续）

| 牌　号 | 试样方向 | 冷弯试验180°　$B=2a$ [1] | |
|---|---|---|---|
| | | 钢材厚度（或直径）[2]/mm | |
| | | ≤60 | >60~100 |
| | | 弯心直径 $d$ | |
| Q235 | 纵 | $a$ | $2a$ |
| | 横 | $1.5a$ | $2.5a$ |
| Q275 | 纵 | $1.5a$ | $2.5a$ |
| | 横 | $2a$ | $3a$ |

[1] $B$ 为试样宽度，$a$ 为试样厚度（或直径）。

[2] 钢材厚度（或直径）大于100mm时，弯曲试验由双方协商确定。

2）用 Q195 和 Q235B 级沸腾钢轧制的钢材，其厚度（或直径）不大于25mm。

3）做拉伸和弯曲试验时，型钢和钢棒取纵向试样；钢板、钢带取横向试样，断后伸长率允许比表1-2降低2%（绝对值）。窄钢带取横向试样如果受宽度限制时，可以取纵向试样。

4）如供方能保证冷弯试验符合表1-3的规定，可不做检验。A级钢冷弯试验合格时，抗拉强度上限可以不作为交货条件。

5）厚度不小于12mm 或直径不小于16mm 的钢材应做冲击试验，试样尺寸为 10mm × 10mm × 55mm。经供需双方协议，厚度为 6~12mm 或直径为 12~16mm 的钢材可以做冲击试验，试样尺寸为 10mm × 7.5mm × 55mm 或 10mm × 5mm × 55mm 或 10mm × 产品厚度 × 55mm。在标准《碳素结构钢》（GB 700—2008）附录 A 中给出规定的冲击吸收功值，如当采用 10mm × 5mm × 55mm 试样时，其试验结果应不小于规定值的 50%。

6）夏比（V 形缺口）冲击吸收功值按一组 3 个试样单值的算术平均值计算，允许其中 1 个试样的单个值低于规定值，但不得低于规定值的 70%。如果没有满足上述条件，可从同一抽样产品上再取 3 个试样进行试验，先后 6 个试样的平均值不得低于规定值，允许有 2 个试样低于规定值，但其中低于规定值 70% 的试样只允许有 1 个。

（4）表面质量　钢材的表面质量应分别符合钢板、钢带、型钢和钢棒等有关产品标准的规定。

# 二、低合金高强度结构钢

## 1. 实际案例展示

## 2. 牌号表示方法

低合金高强度结构钢比碳素结构钢含有更多合金元素，属于低合金钢的范畴（其所含合金总量不超过5%）。低合金高强度结构钢的强度比碳素结构钢明显提高，从而使钢结构构件的承载力、刚度、稳定性三个主要控制指标都能有充分发挥，尤其在大跨度或重负载结构中优点更为突出。在工程中，使用低合金高强度结构钢可比使用碳素结构钢节约20%的用钢量。

按国家标准《低合金结构钢》（GB/T 1591—2008），钢分为5个牌号，即Q295、Q345、Q390、Q420、Q460。其中Q345最为常用，Q460一般不用于建筑钢结构工程。

钢的牌号由代表屈服点的汉语拼音字母、屈服强度数值、质量等级符号三个部分组成。例如：Q345D。其中：

Q——钢材屈服强度的"屈"字汉语拼音首位字母；

345——屈服强度数值（MPa）；

D——质量等级为D级。

当需方要求钢板具有厚度方向性能时，则在上述规定的牌号后加上代表厚度方向（Z向）性能级别的符号，例如：Q345DZ15。

## 3. 技术要求

（1）钢的牌号和化学成分

1）钢的牌号和化学成分（熔炼分析）应符合表1-4规定。

表1-4　钢的牌号和化学成分

| 牌号 | 质量等级 | 化学成分[①,②]（质量分数）（%） | | | | | | | | | | | | | |
| --- | --- | --- | --- | --- | --- | --- | --- | --- | --- | --- | --- | --- | --- | --- | --- |
| | | C | Si | Mn | P | S | Nb | V | Ti | Cr | Ni | Cu | N | Mo | B | Als |
| | | | | | 不大于 | | | | | | | | | | | 不小于 |
| Q345 | A | ≤0.20 | ≤0.50 | ≤1.70 | 0.035 | 0.035 | 0.07 | 0.15 | 0.20 | 0.30 | 0.50 | 0.30 | 0.012 | 0.10 | — | — |
| | B | | | | 0.035 | 0.035 | | | | | | | | | | |
| | C | | | | 0.030 | 0.030 | | | | | | | | | | |
| | D | ≤0.18 | | | 0.030 | 0.025 | | | | | | | | | | 0.015 |
| | E | | | | 0.025 | 0.020 | | | | | | | | | | |
| Q390 | A | ≤0.20 | ≤0.50 | ≤1.70 | 0.035 | 0.035 | 0.07 | 0.20 | 0.20 | 0.30 | 0.50 | 0.30 | 0.015 | 0.10 | — | — |
| | B | | | | 0.035 | 0.035 | | | | | | | | | | |
| | C | | | | 0.030 | 0.030 | | | | | | | | | | |
| | D | | | | 0.030 | 0.025 | | | | | | | | | | 0.015 |
| | E | | | | 0.025 | 0.020 | | | | | | | | | | |
| Q420 | A | ≤0.20 | ≤0.50 | ≤1.70 | 0.035 | 0.035 | 0.07 | 0.20 | 0.20 | 0.30 | 0.80 | 0.30 | 0.015 | 0.20 | — | — |
| | B | | | | 0.035 | 0.035 | | | | | | | | | | |
| | C | | | | 0.030 | 0.030 | | | | | | | | | | |
| | D | | | | 0.030 | 0.025 | | | | | | | | | | 0.015 |
| | E | | | | 0.025 | 0.020 | | | | | | | | | | |

（续）

| 牌号 | 质量等级 | 化学成分①、②（质量分数）（%） | | | | | | | | | | | | | | |
|---|---|---|---|---|---|---|---|---|---|---|---|---|---|---|---|---|
| | | C | Si | Mn | P | S | Nb | V | Ti | Cr | Ni | Cu | N | Mo | B | Als |
| | | | | | | | 不大于 | | | | | | | | | 不小于 |
| Q460 | C | ≤0.20 | ≤0.60 | ≤1.80 | 0.030 | 0.030 | 0.11 | 0.20 | 0.20 | 0.30 | 0.80 | 0.55 | 0.015 | 0.20 | 0.004 | 0.015 |
| | D | | | | 0.030 | 0.025 | | | | | | | | | | |
| | E | | | | 0.025 | 0.020 | | | | | | | | | | |
| Q500 | C | ≤0.18 | ≤0.60 | ≤1.80 | 0.030 | 0.030 | 0.11 | 0.12 | 0.20 | 0.60 | 0.80 | 0.55 | 0.015 | 0.20 | 0.004 | 0.015 |
| | D | | | | 0.030 | 0.025 | | | | | | | | | | |
| | E | | | | 0.025 | 0.020 | | | | | | | | | | |
| Q550 | C | ≤0.18 | ≤0.60 | ≤2.00 | 0.030 | 0.030 | 0.11 | 0.12 | 0.20 | 0.80 | 0.80 | 0.80 | 0.015 | 0.30 | 0.004 | 0.015 |
| | D | | | | 0.030 | 0.025 | | | | | | | | | | |
| | E | | | | 0.025 | 0.020 | | | | | | | | | | |
| Q620 | C | ≤0.18 | ≤0.60 | ≤2.00 | 0.030 | 0.030 | 0.11 | 0.12 | 0.20 | 1.00 | 0.80 | 0.80 | 0.015 | 0.30 | 0.004 | 0.015 |
| | D | | | | 0.030 | 0.025 | | | | | | | | | | |
| | E | | | | 0.025 | 0.020 | | | | | | | | | | |
| Q690 | C | ≤0.18 | ≤0.60 | ≤2.00 | 0.030 | 0.030 | 0.11 | 0.12 | 0.20 | 1.00 | 0.80 | 0.80 | 0.015 | 0.30 | 0.004 | 0.015 |
| | D | | | | 0.030 | 0.025 | | | | | | | | | | |
| | E | | | | 0.025 | 0.020 | | | | | | | | | | |

① 型材及棒材 P、S 含量可提高 0.005%，其中 A 级钢上限可为 0.045%。

② 当细化晶粒元素组合加入时，$20(Nb+V+Ti) \leq 0.22\%$，$20(Mo+Cr) \leq 0.30\%$。

2）当需要加入细化晶粒元素时。钢中应至少含有 Al、Nb、V、Ti 中的一种。加入的细化晶粒元素应在质量证明书中注明含量。

3）当采用全铝（$Al_t$）含量表示时，$Al_t$ 应不小于 0.020%。

4）钢中氮元素含量应符合表 1-4 的规定，如供方保证，可不进行氮元素含量分析。如果钢中加入 Al、Nb、V、Ti 等具有固氮作用的合金元素，氮元素含量不做限制，固氮元素含量应在质量证明书中注明。

5）各牌号的 Cr、Ni、Cu 作为残余元素时，其含量各不大于 0.30%，如供方保证，可不做分析，当需要加入时，其含量应符合表 1-4 的规定或由供需双方协议规定。

6）为改善钢的性能，可加入 RE 元素时，其加入量按钢水重量的 0.02%～0.20% 计算。

7）在保证钢材力学性能符合标准规定的情况下，各牌号 A 级钢的 C、Si、Mn 化学成分可不作交货条件。

8）各牌号除 A 级钢以外的钢材，当以热轧、控扎状态交货时，其最大碳当量值应符合表 1-5 的规定；当以正火、正火轧制、正火加回火状态交货时，其最大碳当量值应符合表 1-6 的规定；当以热机械轧制（TMCP）或热机械轧制加回火状态交货时，其最大碳当量值应符合表 1-7 的规定。碳当量（CEV）应由熔炼分析成分并采用下式计算。

$$CEV = C + Mn/6 + (Cr + Mo + V)/5 + (Ni + Cu)/15 \qquad (1-1)$$

**表 1-5　热轧、控扎状态交货钢材的碳当量**

| 牌　号 | 碳当量（CEV）（%） | | |
|---|---|---|---|
| | 公称厚度或直径≤63mm | 公称厚度或直径 >63 ~ 250mm | 公称厚度 >250mm |
| Q345 | ≤0.44 | ≤0.47 | ≤0.47 |
| Q390 | ≤0.45 | ≤0.48 | ≤0.48 |
| Q420 | ≤0.45 | ≤0.48 | ≤0.48 |
| Q460 | ≤0.46 | ≤0.49 | — |

**表 1-6　正火、正火轧制、正火加回火状态交货钢材的碳当量**

| 牌　号 | 碳当量（CEV）（%） | | |
|---|---|---|---|
| | 公称厚度≤63mm | 公称厚度 >63 ~ 120mm | 公称厚度 >120 ~ 250mm |
| Q345 | ≤0.45 | ≤0.48 | ≤0.48 |
| Q390 | ≤0.46 | ≤0.48 | ≤0.49 |
| Q420 | ≤0.48 | ≤0.50 | ≤0.52 |
| Q460 | ≤0.53 | ≤0.54 | ≤0.55 |

**表 1-7　热机械轧制（TMCP）或热机械轧制加回火状态交货钢材的碳当量**

| 牌　号 | 碳当量（CEV）（%） | | |
|---|---|---|---|
| | 公称厚度≤63mm | 公称厚度 >63 ~ 120mm | 公称厚度 >120 ~ 150mm |
| Q345 | ≤0.44 | ≤0.45 | ≤0.45 |
| Q390 | ≤0.46 | ≤0.47 | ≤0.47 |
| Q420 | ≤0.46 | ≤0.47 | ≤0.47 |
| Q460 | ≤0.47 | ≤0.48 | ≤0.48 |
| Q500 | ≤0.47 | ≤0.48 | ≤0.48 |
| Q550 | ≤0.47 | ≤0.48 | ≤0.48 |
| Q620 | ≤0.48 | ≤0.49 | ≤0.49 |
| Q690 | ≤0.49 | ≤0.49 | ≤0.49 |

9）热机械轧制（TMCP）或热机械轧制加回火状态交货钢材碳含量不大于 0.12% 时，可采用焊接裂纹敏感性指数（Pcm）代替碳当量评估钢材的可焊性。Pcm 应由熔炼分析成分并采用下式计算，其值应符合表 1-8 的规定。

$$Pcm = C + Si/30 + Mn/20 + Cu/20 + Ni/60 + Cr/20 + Mo/15 + V/10 + 5B \qquad (1-2)$$

**表 1-8　热机械轧制（TMCP）或热机械轧制加回火状态交货钢材 Pcm 值**

| 牌　号 | Pcm（%） | 牌　号 | Pcm（%） |
|---|---|---|---|
| Q345 | ≤0.20 | Q500 | ≤0.25 |
| Q390 | ≤0.20 | Q550 | ≤0.25 |
| Q420 | ≤0.20 | Q620 | ≤0.25 |
| Q460 | ≤0.20 | Q690 | ≤0.25 |

10）钢材、钢坯的化学成分允许偏差应符合《钢的成品化学成分允许偏差》（GB/T 222—2006）的规定。

11）当需方要求保证厚度方向性能时，其化学成分应符合《厚度方向性能钢板》（GB/T 5313—2010）的规定。

（2）交货状态　钢材以热轧、控轧、正火、正火轧制或正火加回火、热机械轧制（TM-CP）或热机械轧制加回火状态交货。

（3）力学性能和工艺性能

1）钢材的拉伸性能应符合表 1-9 的规定。

表 1-9　钢材的拉伸性能

拉伸试验①②③

| 牌号 | 质量等级 | 下屈服强度（R_eL）/MPa，以下公称厚度（直径、边长） | | | | | | | | | 抗拉强度（R_m）/MPa，以下公称厚度（直径、边长） | | | | | | | 断后伸长率（A）（%），公称厚度（直径、边长） | | | | | |
|---|---|---|---|---|---|---|---|---|---|---|---|---|---|---|---|---|---|---|---|---|---|---|---|
| | | ≤16mm | >16~40mm | >40~63mm | >63~80mm | >80~100mm | >100~150mm | >150~200mm | >200~250mm | >250~400mm | ≤40mm | >40~63mm | >63~80mm | >80~100mm | >100~150mm | >150~250mm | >250~400mm | ≤40mm | >40~63mm | >63~100mm | >100~150mm | >150~250mm | >250~400mm |
| Q345 | A | ≥345 | ≥335 | ≥325 | ≥315 | ≥305 | ≥285 | ≥275 | ≥265 | | 470~630 | 470~630 | 470~630 | 470~630 | 450~600 | 450~600 | | ≥20 | ≥19 | ≥19 | ≥18 | ≥17 | — |
| | B | | | | | | | | | | | | | | | | | | | | | | |
| | C | | | | | | | | | | | | | | | | | | | | | | |
| | D | | | | | | | | | ≥265 | | | | | | | 450~600 | ≥21 | ≥20 | ≥20 | ≥19 | ≥18 | ≥17 |
| | E | | | | | | | | | | | | | | | | | | | | | | |
| Q390 | A | ≥390 | ≥370 | ≥350 | ≥330 | ≥330 | ≥310 | — | — | — | 490~650 | 490~650 | 490~650 | 490~650 | 470~620 | — | — | ≥20 | ≥19 | ≥19 | ≥18 | — | — |
| | B | | | | | | | | | | | | | | | | | | | | | | |
| | C | | | | | | | | | | | | | | | | | | | | | | |
| | D | | | | | | | | | | | | | | | | | | | | | | |
| | E | | | | | | | | | | | | | | | | | | | | | | |
| Q420 | A | ≥420 | ≥400 | ≥380 | ≥360 | ≥360 | ≥340 | — | — | — | 520~680 | 520~680 | 520~680 | 520~680 | 500~650 | — | — | ≥19 | ≥18 | ≥18 | ≥18 | ≥18 | — |
| | B | | | | | | | | | | | | | | | | | | | | | | |
| | C | | | | | | | | | | | | | | | | | | | | | | |
| | D | | | | | | | | | | | | | | | | | | | | | | |
| | E | | | | | | | | | | | | | | | | | | | | | | |

（续）

拉伸试验①②③

下屈服强度（$R_{eL}$）/MPa（以下公称厚度，直径、边长）；抗拉强度（$R_m$）/MPa（以下公称厚度，直径、边长）；断后伸长率（A）（%）（公称厚度，直径、边长）

| 牌号 | 质量等级 | $R_{eL}$ ≤16mm | >16~40mm | >40~63mm | >63~80mm | >80~100mm | >100~150mm | >150~200mm | >200~250mm | >250~400mm | $R_m$ ≤40mm | >40~63mm | >63~80mm | >80~100mm | >100~150mm | >150~250mm | >250~400mm | A ≤40mm | >40~63mm | >63~100mm | >100~150mm | >150~250mm | >250~400mm |
|---|---|---|---|---|---|---|---|---|---|---|---|---|---|---|---|---|---|---|---|---|---|---|---|
| Q460 | C | | | | | | | | | | | | | | | | | | | | | | |
|  | D | ≥460 | ≥440 | ≥420 | ≥400 | ≥400 | ≥380 | — | — | — | 550~720 | 550~720 | 550~720 | 550~720 | 530~700 | — | — | ≥17 | ≥16 | ≥16 | ≥16 | — | — |
|  | E | | | | | | | | | | | | | | | | | | | | | | |
| Q500 | C | | | | | | | | | | | | | | | | | | | | | | |
|  | D | ≥500 | ≥480 | ≥470 | ≥450 | ≥440 | — | — | — | — | 610~770 | 600~760 | 590~750 | 540~730 | — | — | — | ≥17 | ≥17 | ≥17 | — | — | — |
|  | E | | | | | | | | | | | | | | | | | | | | | | |
| Q550 | C | | | | | | | | | | | | | | | | | | | | | | |
|  | D | ≥550 | ≥530 | ≥520 | ≥500 | ≥490 | — | — | — | — | 670~830 | 620~810 | 600~790 | 590~780 | — | — | — | ≥16 | ≥16 | ≥16 | — | — | — |
|  | E | | | | | | | | | | | | | | | | | | | | | | |
| Q620 | C | | | | | | | | | | | | | | | | | | | | | | |
|  | D | ≥620 | ≥600 | ≥590 | ≥570 | — | — | — | — | — | 710~880 | 690~880 | 670~860 | — | — | — | — | ≥15 | ≥15 | ≥15 | — | — | — |
|  | E | | | | | | | | | | | | | | | | | | | | | | |
| Q690 | C | | | | | | | | | | | | | | | | | | | | | | |
|  | D | ≥690 | ≥670 | ≥660 | ≥640 | — | — | — | — | — | 770~940 | 750~920 | 730~900 | — | — | — | — | ≥14 | ≥14 | ≥14 | — | — | — |
|  | E | | | | | | | | | | | | | | | | | | | | | | |

① 当屈服不明显时，可测量 $R_{p0.2}$ 代替下屈服强度。

② 宽度不小于600mm扁平材，拉伸试验取横向试样；宽度小于600mm的扁平材、型材及棒材取纵向试样，断后伸长率最小值相应提高1%（绝对值）。

③ 厚度>250~400mm的数值适用于扁平材。

2）夏比（Ｖ形）冲击试验。

① 钢材的夏比（Ｖ形）冲击试验的试验温度和冲击吸收能量应符合表 1-10 规定。

表 1-10　夏比（Ｖ形）冲击试验的试验温度和冲击吸收能量

| 牌号 | 质量等级 | 试验温度/℃ | 冲击吸收能量($KV_2$)[①]/J 公称厚度（直径、边长） | | |
| | | | 12～150mm | >150～250mm | >250～400mm |
| Q345 | B | 20 | ≥34 | ≥27 | — |
| | C | 0 | | | |
| | D | -20 | | | 27 |
| | E | -40 | | | |
| Q390 | B | 20 | ≥34 | — | — |
| | C | 0 | | | |
| | D | -20 | | | |
| | E | -40 | | | |
| Q420 | B | 20 | ≥34 | — | — |
| | C | 0 | | | |
| | D | -20 | | | |
| | E | -40 | | | |
| Q460 | C | 0 | ≥34 | — | — |
| | D | -20 | | | |
| | E | -40 | | | |
| Q500、Q550、Q620、Q690 | C | 0 | ≥55 | — | — |
| | D | -20 | ≥47 | | |
| | E | -40 | ≥31 | | |

① 冲击试验取纵向试样。

② 厚度不小于6mm 或直径不小于12mm 的钢材应做冲击试验，冲击试样尺寸取10mm × 10mm ×55mm 的标准试样；当钢材不足以制取标准试样时，应采用 10mm ×7.5mm ×55mm 或 10mm ×5mm ×55mm 小尺寸试样，冲击吸收能量应分别为不小于表 1-10 的规定值的75% 或 50%，优先采用较大尺寸的试样。

③ 钢材的冲击试验结果按一组 3 个试样的算术平均值进行计算，允许其中有 1 个试验值低于规定值，但不低于规定值的 70%，否则，应从同一抽样产品上再取 3 个试样进行试验，先后 6 个试样试验结果的算术平均值不得低于规定值，允许有 2 个试样的试验结果低于规定值，但其中低于规定值 70% 的试样只允许有 1 个。

3）Ｚ 向钢厚度方向断面收缩率应符合《厚度方向性能钢板》（GB/T 5313—2010）的规定。

4）当需方要求做弯曲试验时，弯曲试验应符合表 1-11 的规定。当供方保证弯曲合格时，可不做弯曲试验。

表 1-11　弯曲试验

| 牌号 | 试 样 方 向 | 180°弯曲试验 $[d=$弯心直径$,a=$试样厚度（直径）$]$ | |
|---|---|---|---|
| | | 钢材厚度（直径，边长） | |
| | | ≤16mm | >16~100mm |
| Q345<br>Q390<br>Q420<br>Q460 | 宽度不小于600mm扁平材，拉伸试验取横向试样。宽度小于600mm的扁平材、型材及棒材取纵向试样 | $2a$ | $3a$ |

（4）表面质量　钢材表面质量应符合相关产品标准的规定。

## 三、优质碳素结构钢

### 1. 实际案例展示

### 2. 分类及代号

优质碳素结构钢的价格较贵，一般仅作为钢结构的管状杆件（无缝钢管）使用。特殊情况下的少量应用一般发生在因材料规格欠缺而导致的材料代用，属于以优代劣。

优质碳素结构钢按冶金质量等级分为：

高级优质钢　A；

特级优质钢　E。

按加工方法分为：

压力加工用钢　UP；

热压力加工用钢　UHP；

顶锻用钢　UF；

冷拔坯料用钢　UCD；

切削加工用钢　UC。

优质碳素结构钢共有31个牌号。

## 3. 技术要求

（1）牌号、代号及化学成分

1）钢的化学成分（熔炼分析）应符合表1-12的规定。

表1-12　钢的化学成分

| 序号 | 统一数字代号 | 牌号 | 化学成分（%） | | | | | |
|---|---|---|---|---|---|---|---|---|
| | | | C | Si | Mn | Cr | Ni | Cu |
| | | | | | | 不大于 | | |
| 1 | U20080 | 08F | 0.05~0.11 | ≤0.03 | 0.25~0.50 | 0.10 | 0.30 | 0.25 |
| 2 | U20100 | 10F | 0.07~0.13 | ≤0.07 | 0.25~0.50 | 0.15 | 0.30 | 0.25 |
| 3 | U20150 | 15F | 0.12~0.18 | ≤0.07 | 0.25~0.50 | 0.25 | 0.30 | 0.25 |
| 4 | U20082 | 08 | 0.05~0.11 | 0.17~0.37 | 0.35~0.65 | 0.10 | 0.30 | 0.25 |
| 5 | U20102 | 10 | 0.07~0.13 | 0.17~0.37 | 0.35~0.65 | 0.15 | 0.30 | 0.25 |
| 6 | U20152 | 15 | 0.12~0.18 | 0.17~0.37 | 0.35~0.65 | 0.25 | 0.30 | 0.25 |
| 7 | U20202 | 20 | 0.17~0.23 | 0.17~0.37 | 0.35~0.65 | 0.25 | 0.30 | 0.25 |
| 8 | U20252 | 25 | 0.22~0.29 | 0.17~0.37 | 0.50~0.80 | 0.25 | 0.30 | 0.25 |
| 9 | U20302 | 30 | 0.27~0.34 | 0.17~0.37 | 0.50~0.80 | 0.25 | 0.30 | 0.25 |
| 10 | U20352 | 35 | 0.32~0.39 | 0.17~0.37 | 0.50~0.80 | 0.25 | 0.30 | 0.25 |
| 11 | U20402 | 40 | 0.37~0.44 | 0.17~0.37 | 0.50~0.80 | 0.25 | 0.30 | 0.25 |
| 12 | U20452 | 45 | 0.42~0.50 | 0.17~0.37 | 0.50~0.80 | 0.25 | 0.30 | 0.25 |
| 13 | U20502 | 50 | 0.47~0.55 | 0.17~0.37 | 0.50~0.80 | 0.25 | 0.30 | 0.25 |
| 14 | U20552 | 55 | 0.52~0.60 | 0.17~0.37 | 0.50~0.80 | 0.25 | 0.30 | 0.25 |
| 15 | U20602 | 60 | 0.57~0.65 | 0.17~0.37 | 0.50~0.80 | 0.25 | 0.30 | 0.25 |
| 16 | U20652 | 65 | 0.62~0.70 | 0.17~0.37 | 0.50~0.80 | 0.25 | 0.30 | 0.25 |
| 17 | U20702 | 70 | 0.67~0.75 | 0.17~0.37 | 0.50~0.80 | 0.25 | 0.30 | 0.25 |
| 18 | U20752 | 75 | 0.72~0.80 | 0.17~0.37 | 0.50~0.80 | 0.25 | 0.30 | 0.25 |
| 19 | U20802 | 80 | 0.77~0.85 | 0.17~0.37 | 0.50~0.80 | 0.25 | 0.30 | 0.25 |
| 20 | U20852 | 85 | 0.82~0.90 | 0.17~0.37 | 0.50~0.80 | 0.25 | 0.30 | 0.25 |
| 21 | U21152 | 15Mn | 0.12~0.18 | 0.17~0.37 | 0.70~1.00 | 0.25 | 0.30 | 0.25 |
| 22 | U21202 | 20Mn | 0.17~0.23 | 0.17~0.37 | 0.70~1.00 | 0.25 | 0.30 | 0.25 |
| 23 | U21252 | 25Mn | 0.22~0.29 | 0.17~0.37 | 0.70~1.00 | 0.25 | 0.30 | 0.25 |
| 24 | U21302 | 30Mn | 0.27~0.34 | 0.17~0.37 | 0.70~1.00 | 0.25 | 0.30 | 0.25 |
| 25 | U21352 | 35Mn | 0.32~0.39 | 0.17~0.37 | 0.70~1.00 | 0.25 | 0.30 | 0.25 |
| 26 | U21402 | 40Mn | 0.37~0.44 | 0.17~0.37 | 0.70~1.00 | 0.25 | 0.30 | 0.25 |
| 27 | U21452 | 45Mn | 0.42~0.50 | 0.17~0.37 | 0.70~1.00 | 0.25 | 0.30 | 0.25 |
| 28 | U21502 | 50Mn | 0.48~0.56 | 0.17~0.37 | 0.70~1.00 | 0.25 | 0.30 | 0.25 |
| 29 | U21602 | 60Mn | 0.57~0.65 | 0.17~0.37 | 0.70~1.00 | 0.25 | 0.30 | 0.25 |
| 30 | U21652 | 65Mn | 0.62~0.70 | 0.17~0.37 | 0.90~1.20 | 0.25 | 0.30 | 0.25 |
| 31 | U21702 | 70Mn | 0.67~0.75 | 0.17~0.37 | 0.90~1.20 | 0.25 | 0.30 | 0.25 |

注：表中所列牌号为优质钢。如果是高级优质钢，在牌号后面加"A"（统一数字代号最后一位数字改为"3"）；如果是特级优质钢，在牌号后面加"E"（统一数字代号最后一位数字改为"6"）；对于沸腾钢，牌号后面为"F"（统一数字代号最后一位数字为"0"）；对于半镇静钢，牌号后面为"b"（统一数字代号最后一位数字为"1"）。

钢的硫、磷含量应符合表 1-13 的规定。

表 1-13　钢的硫、磷含量

| 组　别 | P | S |
| --- | --- | --- |
| | 不大于（%） | |
| 优质钢 | 0.035 | 0.035 |
| 高级优质钢 | 0.030 | 0.030 |
| 特级优质钢 | 0.025 | 0.020 |

2）使用废钢冶炼的钢允许含铜量不大于 0.30%。

3）热压力加工用钢的含铜量应不大于 0.20%。

4）铅浴淬火（派登脱）钢丝用的 35~85 钢的锰含量为 0.30%~0.60%；铬含量不大于 0.10%，镍含量不大于 0.15%，铜含量不大于 0.20%；硫、磷含量应符合钢丝标准要求。

5）08 钢用铝脱氧冶炼镇静钢，锰含量下限为 0.25%，硅含量不大于 0.03%，铝含量为 0.02%~0.07%。此时钢的牌号为 08Al。

6）冷冲压用沸腾钢含硅量不大于 0.03%。

7）氧气转炉冶炼的钢其含氮量应不大于 0.008%。供方能保证合格时，可不做分析。

8）经供需双方协议，08~25 钢可供应硅含量不大于 0.17% 的半镇静钢，其牌号为 08b~25b。

（2）力学性能

1）用热处理（正火）毛坯制成的试样测定钢材的纵向力学性能（不包括冲击吸收功）应符合表 1-14 的规定，以热轧或热锻状态交货的钢材，如供方能保证力学性能合格时，可不进行试验。

根据需方要求，用热处理（淬火 + 回火）毛坯制成试样测定 25~50、25Mn 钢的冲击吸收功应符合表 1-14 的规定。

直径小于 16mm 的圆钢和厚度不大于 12mm 的方钢、扁钢，不做冲击试验。

2）表 1-14 所列力学性能仅适用于截面尺寸不大于 80mm 的钢材。对大于 80mm 的钢材，允许其断后伸长率、断面收缩率比表 1-14 的规定分别降低 2%（绝对值）及 5%（绝对值）。

用尺寸大于 80~120mm 的钢材改锻（轧）成 70~80mm 的试料取样检验时，其试验结果应符合表 1-14 的规定。

用尺寸大于 120~250mm 的钢材改锻（轧）成 90~100mm 的试料取样检验时，其试验结果应符合表 1-14 的规定。

3）切削加工用钢材或冷拔坯料用钢材交货状态硬度应符合表 1-14 的规定。不退火钢的硬度，供方若能保证合格时，可不做检验。高温回火或正火后的硬度指标，由供需双方协商确定。

（3）顶锻

1）顶锻用钢应进行顶锻试验，并在合同中注明热顶锻或冷顶锻。

2）对于尺寸大于 80mm 要求热顶锻的钢材或尺寸大于 30mm 要求冷顶锻的钢材，如供方能保证顶锻试验合格时，可不进行试验。

（4）低倍组织

表 1-14 优质碳素钢的力学性能

| 序号 | 牌号 | 试样毛坯尺寸/mm | 推荐热处理/℃ | | | 力学性能 | | | | | 钢材交货状态硬度 HBS10/3000 不大于 | |
|---|---|---|---|---|---|---|---|---|---|---|---|---|
| | | | 正火 | 淬火 | 回火 | $\sigma_b$ /MPa | $\sigma_s$ /MPa | $\delta_5$ (%) | $\psi$ (%) | $A_{KU2}$ /J | 未热处理钢 | 退火钢 |
| | | | | | | 不小于 | | | | | | |
| 1 | 08F | 25 | 930 | — | — | 295 | 175 | 35 | 60 | — | 131 | — |
| 2 | 10F | 25 | 930 | — | — | 315 | 185 | 33 | 55 | — | 137 | — |
| 3 | 15F | 25 | 920 | — | — | 355 | 205 | 29 | 55 | — | 143 | — |
| 4 | 08 | 25 | 930 | — | — | 325 | 195 | 33 | 60 | — | 131 | — |
| 5 | 10 | 25 | 930 | — | — | 335 | 205 | 31 | 55 | — | 137 | — |
| 6 | 15 | 25 | 920 | — | — | 375 | 225 | 27 | 55 | — | 143 | — |
| 7 | 20 | 25 | 910 | — | — | 410 | 245 | 25 | 55 | — | 156 | — |
| 8 | 25 | 25 | 900 | 870 | 600 | 450 | 275 | 23 | 50 | 71 | 170 | — |
| 9 | 30 | 25 | 880 | 860 | 600 | 490 | 295 | 21 | 50 | 63 | 179 | — |
| 10 | 35 | 25 | 870 | 850 | 600 | 530 | 315 | 20 | 45 | 55 | 197 | — |
| 11 | 40 | 25 | 860 | 840 | 600 | 570 | 335 | 19 | 45 | 47 | 217 | 187 |
| 12 | 45 | 25 | 850 | 840 | 600 | 600 | 355 | 16 | 40 | 39 | 229 | 197 |
| 13 | 50 | 25 | 830 | 830 | 600 | 630 | 375 | 14 | 40 | 31 | 241 | 207 |
| 14 | 55 | 25 | 820 | 820 | 600 | 645 | 380 | 13 | 35 | — | 255 | 217 |
| 15 | 60 | 25 | 810 | — | — | 675 | 400 | 12 | 35 | — | 255 | 229 |
| 16 | 65 | 25 | 810 | — | — | 695 | 410 | 10 | 30 | — | 255 | 229 |
| 17 | 70 | 25 | 790 | — | — | 715 | 420 | 9 | 30 | — | 269 | 229 |
| 18 | 75 | 试样 | — | 820 | 480 | 1080 | 880 | 7 | 30 | — | 285 | 241 |
| 19 | 80 | 试样 | — | 820 | 480 | 1080 | 930 | 6 | 30 | — | 285 | 241 |
| 20 | 85 | 试样 | — | 820 | 480 | 1130 | 980 | 6 | 30 | — | 302 | 255 |
| 21 | 15Mn | 25 | 920 | — | — | 410 | 245 | 26 | 55 | — | 163 | — |
| 22 | 20Mn | 25 | 910 | — | — | 450 | 275 | 24 | 50 | — | 197 | — |
| 23 | 25Mn | 25 | 900 | 870 | 600 | 490 | 295 | 22 | 50 | 71 | 207 | — |
| 24 | 30Mn | 25 | 880 | 860 | 600 | 540 | 315 | 20 | 45 | 63 | 217 | 187 |
| 25 | 35Mn | 25 | 870 | 850 | 600 | 560 | 335 | 18 | 45 | 55 | 229 | 197 |
| 26 | 40Mn | 25 | 860 | 840 | 600 | 590 | 355 | 17 | 45 | 47 | 229 | 207 |
| 27 | 45Mn | 25 | 850 | 840 | 600 | 620 | 375 | 15 | 40 | 39 | 241 | 217 |
| 28 | 50Mn | 25 | 830 | 830 | 600 | 645 | 390 | 13 | 40 | 31 | 255 | 217 |
| 29 | 60Mn | 25 | 810 | — | — | 695 | 410 | 11 | 35 | — | 269 | 229 |
| 30 | 65Mn | 25 | 830 | — | — | 735 | 430 | 9 | 30 | — | 285 | 229 |
| 31 | 70Mn | 25 | 790 | — | — | 785 | 450 | 8 | 30 | — | 285 | 229 |

注: 1. 对于直径或厚度小于 25mm 的钢材, 热处理是在与成品截面尺寸相同的试样毛坯上进行。

2. 表中所列正火推荐保温时间不少于 30min, 空冷; 淬火推荐保温时间不少于 30min, 70、80 和 85 钢槽冷, 其余钢水冷; 回火推荐保温时间不少于 1h。

1）镇静钢钢材的横截面面积酸浸低倍组织试片上不得有目视可见的缩孔、气泡、裂纹、夹杂、翻皮和白点。供切削加工用的钢材允许有不超过表面缺陷深度的皮下夹杂等缺陷。

2）酸浸低倍组织应符合表1-15的规定。

表1-15 酸浸低倍组织

| 质量等级 | 一般疏松 | 中心疏松 | 锭型偏析 |
|---|---|---|---|
| | 级别 不大于 | | |
| 优质钢 | 3.0 | 3.0 | 3.0 |
| 高级优质钢 | 2.5 | 2.5 | 2.5 |
| 特级优质钢 | 2.0 | 2.0 | 2.0 |

3）如供方能保证低倍组织检验合格，允许采用《钢的低倍缺陷超声波检验方法》（GB/T 7736—2008）标准规定的超声波探伤法或其他无损探伤法代替低倍检验。

（5）非金属夹杂物　根据需方要求，可检验钢的非金属夹杂物，其合格级别由供需双方协商规定。

（6）脱碳层　根据需方要求，对公称碳含量大于0.30%的钢材检验脱碳层时，每边总脱碳层深度（铁素体＋过渡层）应符合表1-16的规定。需方应在合同中注明组别。

表1-16 钢材允许脱碳层深度　　（单位：mm）

| 组　　别 | 允许总脱碳层深度　不大于 |
|---|---|
| 第Ⅰ组 | 1.0%D |
| 第Ⅱ组 | 1.5%D |

注：D为钢材公称直径或厚度。

（7）表面质量

1）压力加工用钢材的表面质量不得有目视可见的裂纹、结疤、折叠及夹杂。如有上述缺陷必须清除，清除深度从钢材实际尺寸算起应符合表1-17的规定。清除宽度不小于深度的5倍。对直径或边长大于140mm的钢材，在同一截面的最大清除深度不得多于2处。允许有从实际尺寸算起不超过尺寸公差一半的个别细小划痕、压痕、麻点及深度不超过0.2mm的小裂纹存在。

表1-17 钢材允许缺陷清除深度　　（单位：mm）

| 钢材公称尺寸（直径或厚度） | 允许缺陷清除深度 |
|---|---|
| <80 | 钢材公称尺寸公差的1/2 |
| 80～140 | 钢材公称尺寸公差 |
| >140～200 | 钢材公称尺寸的5% |
| >200 | 钢材公称尺寸的6% |

2）切削加工用钢材的表面允许有从钢材公称尺寸算起深度不超过表1-18规定的局部缺陷。

**表 1-18　钢材局部缺陷允许深度**　　　　　　　　　　（单位：mm）

| 钢材公称尺寸（直径或厚度） | 局部缺陷允许深度　不大于 |
|---|---|
| <100 | 钢材公称尺寸的负偏差 |
| ≥100 | 钢材公称尺寸的公差 |

# 四、桥梁用结构钢

## 1. 实际案例展示

## 2. 分类及代号

桥梁用结构钢有专用标准：《桥梁用结构钢》（GB/T 714—2008），其规定的内容和技术要求一般都严于建筑结构钢，如发生材料代用属于以优代劣。

钢的牌号表示方法由表示屈服强度的汉语拼音字母、屈服强度数值、桥字的汉语拼音字母、质量等级符号等几部分组成。例如 Q370qD。

Q——桥梁用钢屈服强度的"屈"字汉语拼音首位字母；

370——屈服强度数值（MPa）；

q——桥梁用钢的"桥"字汉语拼音的首位字母；

D——质量等级为 D 级。

当要求钢板具有耐候性能或厚度方向性能时，则在上述规定的牌号后分别加上代表耐候的汉语拼音字母"NH"或厚度方向（Z 向）性能级别的符号，例如：Q370qDNH或 Q370qDZ15。

## 3. 技术要求

（1）牌号和化学成分

1）钢的牌号和化学成分（熔炼分析）应符合表 1-19 的规定。推荐使用的钢牌号及化学成分（熔炼分析）应符合表 1-20 的规定。

① 当采用全铝（Alt）含量（质量分数）计算钢中的铝含量时，全铝含量不应小于 0.020%。

**表 1-19　桥梁用结构钢的牌号和化学成分**

| 牌号 | 质量等级 | 化学成分（质量分数）(%) | | | | | | | | | | | | | | |
|---|---|---|---|---|---|---|---|---|---|---|---|---|---|---|---|---|
| | | C | Si | Mn | P | S | Nb | V | Ti | Cr | Ni | Cu | Mo | B | N | Als |
| | | 不大于 | | | | | | | | | | | | | | 不小于 |
| Q235q | C | ≤0.17 | ≤0.35 | ≤1.40 | 0.030 | 0.030 | — | — | — | 0.30 | 0.30 | 0.30 | — | — | 0.012 | 0.015 |
| | D | | | | 0.025 | 0.025 | | | | | | | | | | |
| | E | | | | 0.020 | 0.010 | | | | | | | | | | |
| Q345q | C | ≤0.20 | ≤0.55 | 0.90~1.70 | 0.030 | 0.025 | 0.06 | 0.08 | 0.03 | 0.80 | 0.50 | 0.55 | 0.20 | — | 0.012 | 0.015 |
| | D | ≤0.18 | | | 0.025 | 0.020 | | | | | | | | | | |
| | E | | | | 0.020 | 0.010 | | | | | | | | | | |
| Q370q | C | ≤0.18 | ≤0.55 | 1.00~1.70 | 0.030 | 0.025 | 0.06 | 0.08 | 0.03 | 0.80 | 0.50 | 0.55 | 0.20 | 0.004 | 0.012 | 0.015 |
| | D | | | | 0.025 | 0.020 | | | | | | | | | | |
| | E | | | | 0.020 | 0.010 | | | | | | | | | | |
| Q420q | C | ≤0.18 | ≤0.55 | 1.00~1.70 | 0.030 | 0.025 | 0.06 | 0.08 | 0.03 | 0.80 | 0.70 | 0.55 | 0.35 | 0.004 | 0.012 | 0.015 |
| | D | | | | 0.025 | 0.020 | | | | | | | | | | |
| | E | | | | 0.020 | 0.010 | | | | | | | | | | |
| Q460q | C | ≤0.18 | ≤0.55 | 1.00~1.80 | 0.030 | 0.020 | 0.06 | 0.08 | 0.03 | 0.80 | 0.70 | 0.55 | 0.35 | 0.004 | 0.012 | 0.015 |
| | D | | | | 0.025 | 0.015 | | | | | | | | | | |
| | E | | | | 0.020 | 0.010 | | | | | | | | | | |

**表 1-20　推荐使用的桥梁用结构钢的牌号和化学成分**

| 牌号 | 质量等级 | 化学成分（质量分数）(%) | | | | | | | | | | | | | | |
|---|---|---|---|---|---|---|---|---|---|---|---|---|---|---|---|---|
| | | C | Si | Mn① | P | S | Nb | V | Ti | Cr | Ni | Cu | Mo | B | N | Als |
| | | | | | | | | | | 不大于 | | | | | | |
| Q500q | D | ≤0.18 | ≤0.55 | 1.00~1.70 | 0.025 | 0.015 | 0.06 | 0.08 | 0.03 | 0.80 | 1.00 | 0.55 | 0.40 | 0.004 | 0.012 | 0.015 |
| | E | | | | 0.020 | 0.010 | | | | | | | | | | |
| Q550q | D | ≤0.18 | ≤0.55 | 1.00~1.70 | 0.025 | 0.015 | 0.06 | 0.08 | 0.03 | 0.80 | 1.00 | 0.55 | 0.40 | 0.004 | 0.012 | 0.015 |
| | E | | | | 0.020 | 0.010 | | | | | | | | | | |
| Q620q | D | ≤0.18 | ≤0.55 | 1.00~1.70 | 0.025 | 0.015 | 0.06 | 0.08 | 0.03 | 0.80 | 1.10 | 0.55 | 0.60 | 0.004 | 0.012 | 0.015 |
| | E | | | | 0.020 | 0.010 | | | | | | | | | | |
| Q690q | D | ≤0.18 | ≤0.55 | 1.00~1.80 | 0.025 | 0.015 | 0.09 | 0.08 | 0.03 | 0.80 | 1.10 | 0.55 | 0.60 | 0.004 | 0.012 | 0.015 |
| | E | | | | 0.020 | 0.010 | | | | | | | | | | |

① 当碳含量不大于 0.12% 时，Mn 含量上限可达到 2.00%。

　　② 钢中固氮合金元素含量应在质量证明书中注明。如供方能保证氮元素含量符合表1-19、表1-20 的规定，可不进行氮元素含量分析。

　　③ 细化晶粒元素 Nb、V、Ti 可以单独加入或以任一组形式加入。当单独加入时，其含量应符合表1-19、表1-20 所列的值，若混合加入两种或两种以上时，总量不大于 0.12%。

　　④ 耐候钢、淬火加回火钢的合金元素含量，可根据供需双方协议进行调整。

　　2) 钢的成品化学成分允许偏差应符合《钢的成品化学成分允许偏差》（GB/T 222—2006）的规定。

　　3) 经供需双方协商，厚度大于 15mm 的保证厚度方向性能的各牌号钢板，其 S 元素含量应符合表1-21 的规定。

**表 1-21　S 元素含量**

| Z 向性能级别 | Z15 | Z25 | Z35 |
|---|---|---|---|
| S(%) | ≤0.010 | ≤0.007 | ≤0.005 |

　　4) 各牌号钢的碳当量（CEV）应符合表1-22、表1-23、表1-24 的规定。

碳当量应由熔炼分析成分并采用式（1-1）计算。

**表 1-22　热轧、控轧状态交货钢材的碳当量**

| 牌号 | 交货状态 | 碳当量 CEV(%) | |
|---|---|---|---|
| | | 厚度≤50mm | 厚度>50~100mm |
| Q345q | | ≤0.42 | ≤0.43 |
| Q370q | 热轧、控轧、正火/正火轧制 | ≤0.43 | ≤0.44 |
| Q420q | | ≤0.44 | ≤0.45 |
| Q460q | | ≤0.46 | ≤0.50 |

**表 1-23　热机械轧制状态交货钢材的碳当量**

| 牌号 | 交货状态 | 碳当量 CEV(%) | |
|---|---|---|---|
| | | 厚度≤50mm | 厚度>50~100mm |
| Q345q | | ≤0.38 | ≤0.40 |
| Q370q | 热机械轧制 | ≤0.40 | ≤0.42 |
| Q420q | （TMCP） | ≤0.44 | ≤0.46 |
| Q460q | | ≤0.45 | ≤0.47 |

**表 1-24　热机械轧制（TMCP）或热机械轧制加回火状态交货钢材的碳当量**

| 牌号 | 交货状态 | 碳当量 CEV(%) | |
|---|---|---|---|
| | | 厚度≤50mm | 厚度>50~100mm |
| Q460q | | ≤0.46 | ≤0.48 |
| Q500q | 淬火+回火、 | ≤0.46 | ≤0.56 |
| Q550q | 热机械轧制（TMCP）、 | — | — |
| Q620q | 热机械轧制（TMCP）+回火 | — | — |
| Q690q | | — | — |

5）当各牌号钢的碳含量不大于0.12%时，采用焊接裂纹敏感性指数（Pcm）代替碳当量评估钢材的可焊性，Pcm 应采用式（1-2）由熔炼分析计算，其值应符合表1-25 的规定。

表 1-25 钢材 Pcm 值

| 牌　号 | Pcm（%） | 牌　号 | Pcm（%） |
|---|---|---|---|
| Q420q | ≤0.20 | Q550q | ≤0.25 |
| Q460q | ≤0.23 | Q620q | ≤0.25 |
| Q500q | ≤0.23 | Q690q | ≤0.27 |

（2）力学性能

1）钢材的力学性能应符合表1-26 的规定，推荐使用的钢牌号，其力学性能应符合表1-27的规定。

表 1-26 钢材力学性能

| 牌号 | 质量等级 | 拉伸试验[1],[2] | | | | V 形冲击试验[3] | |
|---|---|---|---|---|---|---|---|
| | | 下屈服强度 $R_{el}$/MPa | | 抗拉强度 $R_m$/MPa | 断后伸长率 $A$（%） | 试验温度/℃ | 冲击吸收能量 $KV_2$/J |
| | | 厚度/mm | | | | | |
| | | ≤50 | >50~100 | | | | |
| | | 不小于 | | | | | 不小于 |
| Q235q | C | 235 | 225 | 400 | 26 | 0 | 34 |
| | D | | | | | −20 | |
| | E | | | | | −40 | |
| Q345q[4] | C | 345 | 335 | 490 | 20 | 0 | 47 |
| | D | | | | | −20 | |
| | E | | | | | −40 | |
| Q370q[4] | C | 370 | 360 | 510 | 20 | 0 | 47 |
| | D | | | | | −20 | |
| | E | | | | | −40 | |
| Q420q[4] | C | 420 | 410 | 540 | 19 | 0 | 47 |
| | D | | | | | −20 | |
| | E | | | | | −40 | |
| Q460q | C | 460 | 450 | 570 | 17 | 0 | 47 |
| | D | | | | | −20 | |
| | E | | | | | −40 | |

① 当屈服不明显时，可测量 $R_{p0.2}$ 代替下屈服强度。

② 钢板及钢带的拉伸试验取横向试样，型钢的拉伸试验取纵向试样。

③ 冲击试验取纵向试样。

④ 厚度不大于16mm 的钢材，断后伸长率提高1%（绝对值）。

表 1-27　推荐使用钢材力学性能

| 牌号 | 质量等级 | 拉伸试验①,② | | 抗拉强度 $R_{\rm m}$/MPa | 断后伸长率 $A$(%) | V 形冲击试验③ | |
|---|---|---|---|---|---|---|---|
| | | 下屈服强度 $R_{\rm el}$/MPa | | | | 试验温度/℃ | 冲击吸收能量 $KV_2$/J |
| | | 厚度/mm | | | | | |
| | | ≤50 | >50 ~ 100 | | | | |
| | | 不小于 | | | | | 不小于 |
| Q500q | D | 500 | 480 | 600 | 16 | −20 | 47 |
| | E | | | | | −40 | |
| Q550q | D | 550 | 530 | 660 | 16 | −20 | 47 |
| | E | | | | | −40 | |
| Q620q | D | 620 | 580 | 720 | 15 | −20 | 47 |
| | E | | | | | −40 | |
| Q690q | D | 690 | 650 | 770 | 14 | −20 | 47 |
| | E | | | | | −40 | |

① 当屈服不明显时,可测量 $R_{\rm p0.2}$ 代替下屈服强度。

② 拉伸试验取横向试样。

③ 冲击试验取纵向试样。

2) 厚度不小于 6mm 或直径不小于 12mm 的钢材应做冲击试验,冲击试样尺寸取 10mm×10mm×55mm 的标准试样;当钢材不足以制取标准试样时,应采用 10mm × 7.5mm×55mm 或 10mm×5mm×55mm 的小尺寸试样,冲击吸收能量应分别为不小于表 1-26、表 1-27 规定值的 75% 或 50%,优先采用较大尺寸试样。

3) 钢材的冲击试验结果按一组 3 个试样的算术平均值进行计算,允许其中有 1 个试验值低于规定值,但不应低于规定值的 70%。如果没有满足上述条件,应从同一抽样产品上再取 3 个试样进行试验,先后 6 个试样试验结果的算术平均值不得低于规定值,允许有 2 个试样的试验结果低于规定值,但其中低于规定值 70% 的试样只允许有一个。

4) Z 向钢厚度方向断面收缩率应符合表 1-28 的规定。3 个试样的平均值应不低于表 1-28 规定的平均值,仅允许其中一个试样的单值低于表 1-28 规定的平均值,但不得低于表 1-28 中相应级别的单个试样值。

表 1-28　Z 向钢断面收缩率

| 项　　目 | Z 向钢断面收缩率 $Z$(%) | | |
|---|---|---|---|
| | Z 向性能级别 | | |
| | Z15 | Z25 | Z35 |
| 3 个试样平均值 | ≥15 | ≥25 | ≥35 |
| 单个试样值 | ≥10 | ≥15 | ≥25 |

(3) 工艺性能　钢材的弯曲性能应符合表 1-29 的规定,弯曲试验后试样弯曲外表面无肉眼可见裂纹。当供方可保证时,可不做弯曲试验。

**表 1-29　钢材的弯曲性能**

| 180°弯曲试验[①] | |
| --- | --- |
| 厚度≤16mm | 厚度>16mm |
| $d=2a$ | $d=3a$ |

① 钢板和钢带取横向试样。

注：$d$ 为弯心直径，$a$ 为试样厚度。

（4）表面质量

1）钢材表面不应有气泡、结疤、裂纹、折叠、夹杂和压入氧化铁皮等影响使用的有害缺陷，钢材不应有目视可见的分层。

2）钢材的表面允许有不妨碍检查表面缺陷的薄层氧化铁皮、铁锈及由于压入氧化铁皮和轧辊所造成的不明显的粗糙、网纹、划痕及其他局部缺陷，但其深度不应大于钢材厚度的公差的一半，并保证钢材允许的最小厚度。

3）钢材的表面缺陷允许用修磨等方法清除，清理处应平滑无棱角，清理深度不应大于钢材厚度的负偏差，并应保证钢材允许的最小厚度。

4）经供需双方协商，钢材表面质量可执行《热轧钢板表面质量的一般要求》（GB/T 14977—2008）的规定。

## 五、耐大气腐蚀用钢

### 1. 实际案例展示

### 2. 牌号表示

钢的牌号由"屈服强度"、"高耐候"或"耐候"的汉语拼音首字母"Q""GNH"或"NH"、屈服强度的下限值以及质量等级（A、B、C、D、E）组成。例如：Q355GNHC。

Q——屈服强度中的"屈"字汉语拼音的首字母；

355——钢的屈服强度的下限值（N/mm²）；

GNH——"高""耐"和"候"字的汉语拼音的首字母；

C——质量等级。

## 3. 技术要求

（1）钢的牌号及化学成分

1）钢的牌号和化学成分（熔炼分析）应符合表1-30的规定。

表1-30　钢的牌号和化学成分

| 牌号 | 化学成分（质量分数）（%） | | | | | | | | |
|---|---|---|---|---|---|---|---|---|---|
| | C | Si | Mn | P | S | Cu | Cr | Ni | 其他元素 |
| Q265GNH | ≤0.12 | 0.10 ~ 0.40 | 0.20 ~ 0.50 | 0.07 ~ 0.12 | ≤0.020 | 0.20 ~ 0.45 | 0.30 ~ 0.65 | 0.25 ~ 0.50⑤ | ①,② |
| Q295GNH | ≤0.12 | 0.10 ~ 0.40 | 0.20 ~ 0.50 | 0.07 ~ 0.12 | ≤0.020 | 0.25 ~ 0.45 | 0.30 ~ 0.65 | 0.25 ~ 0.50⑤ | ①,② |
| Q310GNH | ≤0.12 | 0.25 ~ 0.75 | 0.20 ~ 0.50 | 0.07 ~ 0.12 | ≤0.020 | 0.20 ~ 0.50 | 0.30 ~ 1.25 | ≤0.65 | ①,② |
| Q355GNH | ≤0.12 | 0.20 ~ 0.75 | ≤1.00 | 0.07 ~ 0.15 | ≤0.020 | 0.25 ~ 0.55 | 0.30 ~ 1.25 | ≤0.65 | ①,② |
| Q235NH | ≤0.13⑥ | 0.10 ~ 0.40 | 0.20 ~ 0.60 | ≤0.030 | ≤0.030 | 0.25 ~ 0.55 | 0.40 ~ 0.80 | ≤0.65 | ①,② |
| Q295NH | ≤0.15 | 0.10 ~ 0.50 | 0.30 ~ 1.00 | ≤0.030 | ≤0.030 | 0.25 ~ 0.55 | 0.40 ~ 0.80 | ≤0.65 | ①,② |
| Q355NH | ≤0.16 | ≤0.50 | 0.50 ~ 1.50 | ≤0.030 | ≤0.030 | 0.25 ~ 0.55 | 0.40 ~ 0.80 | ≤0.65 | ①,② |
| Q415NH | ≤0.12 | ≤0.65 | ≤1.10 | ≤0.025 | ≤0.030④ | 0.20 ~ 0.55 | 0.30 ~ 1.25 | 0.12 ~ 0.65⑤ | ①,②,③ |
| Q460NH | ≤0.12 | ≤0.65 | ≤1.50 | ≤0.025 | ≤0.030④ | 0.20 ~ 0.55 | 0.30 ~ 1.25 | 0.12 ~ 0.65⑤ | ①,②,③ |
| Q500NH | ≤0.12 | ≤0.65 | ≤2.0 | ≤0.025 | ≤0.030④ | 0.20 ~ 0.55 | 0.30 ~ 1.25 | 0.12 ~ 0.65⑤ | ①,②,③ |
| Q550NH | ≤0.16 | ≤0.65 | ≤2.0 | ≤0.025 | ≤0.030④ | 0.20 ~ 0.55 | 0.30 ~ 1.25 | 0.12 ~ 0.65⑤ | ①,②,③ |

① 为了改善钢的性能，可以添加一种或一种以上的微量合金元素：Nb 0.015% ~ 0.060%，V 0.02% ~ 0.12%，Ti 0.02% ~ 0.10%，Alt≥0.020%。若上述元素组合使用时，应至少保证其中一种元素含量达到上述化学成分的下限规定。

② 可以添加下列合金元素：Mo≤0.30%，Zr≤0.15%。

③ Nb、V、Ti等三种合金元素的添加总量不应超过0.22%。

④ 供需双方协商，S的含量可以不大于0.008%。

⑤ 供需双方协商，Ni含量的下限可不做要求。

⑥ 供需双方协商，C的含量可以不大于0.15%。

2）成品钢材化学成分的允许偏差应符合《钢的成品化学成分允许偏差》（GB/T 222—2006）的规定。

（2）力学性能　钢材的力学性能应符合表1-31的规定。

表 1-31　钢材的力学性能

| 牌号 | 拉伸试验[①] | | | | | | | | | 180°弯曲试验弯心直径 | | |
|---|---|---|---|---|---|---|---|---|---|---|---|---|
| | 下屈服强度 $R_{el}/(N/mm^2)$ 不小于 | | | | 抗拉强度 $R_m/$ $(N/mm^2)$ | 断后伸长率 $A(\%)$ 不小于 | | | | ≤6 | >6~16 | >16 |
| | ≤16 | >16~40 | >40~60 | >60 | | ≤16 | >16~40 | >40~60 | >60 | | | |
| Q235NH | 235 | 225 | 215 | 215 | 365~510 | 25 | 25 | 24 | 23 | $a$ | $a$ | $2a$ |
| Q295NH | 295 | 285 | 275 | 255 | 430~560 | 24 | 24 | 23 | 22 | $a$ | $2a$ | $3a$ |
| Q295GNH | 295 | 285 | — | — | 430~560 | 24 | 24 | — | — | $a$ | $2a$ | $3a$ |
| Q355NH | 355 | 345 | 335 | 325 | 490~630 | 22 | 22 | 21 | 20 | $a$ | $2a$ | $3a$ |
| Q335GNH | 355 | 345 | — | — | 490~630 | 22 | 22 | — | — | $a$ | $2a$ | $3a$ |
| Q415NH | 415 | 405 | 395 | — | 520~680 | 22 | 22 | 20 | — | $a$ | $2a$ | $3a$ |
| Q460NH | 460 | 450 | 440 | — | 570~730 | 20 | 20 | 19 | — | $a$ | $2a$ | $3a$ |
| Q500NH | 500 | 490 | 480 | — | 600~760 | 18 | 16 | 15 | — | $a$ | $2a$ | $3a$ |
| Q550NH | 550 | 540 | 530 | — | 620~780 | 16 | 16 | 15 | — | $a$ | $2a$ | $3a$ |
| Q265GNH | 265 | — | — | — | ≥410 | 27 | — | — | — | $a$ | — | — |
| Q310GNH | 310 | — | — | — | ≥450 | 26 | — | — | — | $a$ | — | — |

① 当屈服现象不明显时，可以采用 $R_{pod}$。

注：$a$ 为钢材厚度。

1）经供需双方协商，高耐候钢可以不做冲击试验。

2）冲击试验结果按三个试样的平均值计算，允许其中一个试样的冲击能量小于规定值，但不得低于规定值的 70%。

3）厚度不小于 6mm 或直径不小于 12mm 的钢材应做冲击试验，对于厚度≥6mm～<12mm或直径≥12mm～<16mm 的钢材做冲击试验时，应采用 10mm×5mm×55mm 或 10mm×7.5mm×55mm 的小尺寸试样，其试验结果应不小于表 1-31 的规定值的 50% 或 70%，应尽可能取较大尺寸的冲击试样。

# 六、钢铸件

## 1. 实际案例展示

## 2. 牌号

建筑钢结构、尤其在大跨度情况下，有时需用铸钢件支座。按《钢结构设计规范》（GB 50017—2003）的规定，铸钢材质应符合国家标准《一般工程用铸造碳钢件》（GB/T 11352—2009）的规定，所包括的铸钢牌号有五种：ZG 200-400、ZG 230-450、ZG 270-500、ZG 310-570、ZG 340-640。牌号中的前两个字母表示铸钢，后两个数字分别代表铸件钢的屈服强度和抗拉强度。

## 3. 技术要求

（1）化学成分　各牌号的化学成分应符合表1-32的规定。

表1-32　化学成分　　　　　　　　　（单位：%）

| 牌号 | C | Si | Mn | S | P | 残余元素 | | | | | 残余元素总量 |
| --- | --- | --- | --- | --- | --- | --- | --- | --- | --- | --- | --- |
| | | | | | | Ni | Cr | Cu | Mo | V | |
| ZG 200-400 | 0.20 | | 0.80 | | | | | | | | |
| ZG 230-450 | 0.30 | | | | | | | | | | |
| ZG 270-500 | 0.40 | 0.60 | | 0.035 | 0.035 | 0.40 | 0.35 | 0.40 | 0.20 | 0.05 | 1.00 |
| ZG 310-570 | 0.50 | | 0.90 | | | | | | | | |
| ZG 340-640 | 0.60 | | | | | | | | | | |

注：1. 对上限减少0.01%的碳，允许增加0.04%的锰，对ZG 200-400的锰最高至1.00%，其余四个牌号锰最高至1.20%。

　　2. 除另有规定外，残余元素不作为验收依据。

（2）力学性能　各牌号的力学性能应符合表1-33的规定，其中断面收缩率和冲击吸收功，如需方无要求时，由供方选择其一。

表1-33　力学性能

| 牌　号 | 屈服强度 $R_{eH}(R_{p0.2})$/MPa | 抗拉强度 $R_m$/MPa | 伸长率 $A_s$(%) | 根据合同选择 | | |
| --- | --- | --- | --- | --- | --- | --- |
| | | | | 断面收缩率 $Z$(%) | 冲击吸收功 $A_{KV}$/J | 冲击吸收功 $A_{KU}$/J |
| ZG 200-400 | 200 | 400 | 25 | 40 | 30 | 47 |
| ZG 230-450 | 230 | 450 | 22 | 32 | 25 | 35 |
| ZG 270-500 | 270 | 500 | 18 | 25 | 22 | 27 |
| ZG 310-570 | 310 | 570 | 15 | 21 | 15 | 24 |
| ZG 340-640 | 340 | 640 | 10 | 18 | 10 | 16 |

注：1. 表中所列的各牌号性能，适应于厚度为100mm以下的铸件。当铸件厚度超过100mm时，表中规定的 $R_{eH}$（$R_{p0.2}$）屈服强度仅供设计使用。

　　2. 表中冲击吸收功 $A_{KU}$ 的试样缺口为2mm。

（3）热处理

1）除另有规定外，热处理工艺由供方自行决定。

2）铸钢件的热处理按《钢件的正火与退火》（GB/T 16923—2008）、《钢件的淬火与回火》（GB/T 16924—2008）的规定执行。

（4）表面质量　铸件表面粗糙度应符合图样或订货协定。铸件表面不应存在影响使用的缺陷。

（5）几何形状、尺寸、尺寸公差和加工余量　铸件几何形状、尺寸、尺寸公差和加工余量应符合图样或订货协定，如无图样或订货协定，铸件应符合《铸件　尺寸公差与机械加工余量》（GB/T 6414—1999）的规定。

（6）焊补　供方可对铸件缺陷进行焊补，焊补条件由供方确定。如需方对焊补有要求时应与供方协商。

（7）矫正　铸件产生的变形可通过矫正的方法消除。

## 七、钢板

### 1. 实际案例展示

### 2. 分类和代号

（1）按边缘状态分

切边　EC。

不切边 EM。

（2）按厚度偏差种类分

N 类偏差：正偏差和负偏差相等。

A 类偏差：按公称厚度规定负偏差。

B 类偏差：固定负偏差为 0.3mm。

C 类偏差：固定负偏差为零，按公称厚度规定正偏差。

（3）按厚度精度分

普通厚度精度　　PT. A。

较高厚度精度　　PT. B。

### 3. 尺寸

（1）钢板和钢带的尺寸范围

| | |
|---|---|
| 单轧钢板公称厚度 | 3～400mm。 |
| 单轧钢板公称宽度 | 600～4800mm。 |
| 钢板公称长度 | 2000～20000mm。 |
| 钢带（包括连轧钢板）公称厚度 | 0.8～25.4mm。 |
| 钢带（包括连轧钢板）公称宽度 | 600～2200mm。 |
| 纵切钢带公称宽度 | 120～900mm。 |

（2）钢板和钢带推荐的公称尺寸

1）单轧钢板的公称厚度在（1）中所规定范围内，厚度小于30mm的钢板按0.5mm倍数的任何尺寸；厚度不小于30mm的钢板按1mm倍数的任何尺寸。

2）单轧钢板的公称宽度在（1）所规定范围内，按10mm或50mm倍数的任何尺寸。

3）钢带（包括连轧钢板）的公称厚度在（1）所规定范围内，按0.1mm倍数的任何尺寸。

4）钢带（包括连轧钢板）的公称宽度在（1）所规定范围内，按10mm倍数的任何尺寸。

5）钢板的长度在（1）规定范围内，按50mm或100mm倍数的任何尺寸。

6）根据需方要求，经供需双方协议，可以供应推荐公称尺寸以外的其他尺寸的铜板和钢带。

### 4. 尺寸允许偏差

对不切头尾的不切边钢带检查厚度、宽度时，两端不考核的总长度 $L$ 为

$$L(m) = 90/公称厚度(mm)$$

但两端最大总长度不得大于20m。

（1）厚度允许偏差

1）单轧钢板的厚度允许偏差（N类）应符合表1-34的规定。

**表1-34 单轧钢板的厚度允许偏差（N类）** （单位：mm）

| 公称厚度 | 下列公称宽度的厚度允许偏差 | | | |
|---|---|---|---|---|
| | ≤1500 | >1500～2500 | >2500～4000 | >4000～4800 |
| 3.00～5.00 | ±0.45 | ±0.55 | ±0.65 | — |
| >5.00～8.00 | ±0.50 | ±0.60 | ±0.75 | — |
| >8.00～15.0 | ±0.55 | ±0.65 | ±0.80 | ±0.90 |
| >15.0～25.0 | ±0.65 | ±0.75 | ±0.90 | ±1.10 |
| >25.0～40.0 | ±0.70 | ±0.80 | ±1.00 | ±1.20 |
| >40.0～60.0 | ±0.80 | ±0.90 | ±1.10 | ±1.30 |
| >60.0～100 | ±0.90 | ±1.10 | ±1.30 | ±1.50 |
| >100～150 | ±1.20 | ±1.40 | ±1.60 | ±1.80 |
| >150～200 | ±1.40 | ±1.60 | ±1.80 | ±1.90 |
| >200～250 | ±1.60 | ±1.80 | ±2.00 | ±2.20 |
| >250～300 | ±1.80 | ±2.00 | ±2.20 | ±2.40 |
| >300～400 | ±2.00 | ±2.20 | ±2.40 | ±2.60 |

2）根据需方要求，并在合同中注明偏差类别，可以供应公差值与表 1-34 规定公差值相等的其他偏差类别的单轧钢板，见表 1-35～表 1-37 规定的 A 类、B 类和 C 类偏差；也可以供应公差值与表 1-34 规定公差值相等的限制正偏差的单轧钢板，正负偏差由供需双方协商规定。

表 1-35　单轧钢板的厚度允许偏差（A 类）　　　（单位：mm）

| 公称厚度 | 下列公称宽度的厚度允许偏差 | | | |
| --- | --- | --- | --- | --- |
| | ≤1500 | >1500～2500 | >2500～4000 | >4000～4800 |
| 3.00～5.00 | +0.55<br>-0.35 | +0.70<br>-0.40 | +0.85<br>-0.45 | — |
| >5.00～8.00 | +0.65<br>-0.35 | +0.75<br>-0.45 | +0.95<br>-0.55 | — |
| >8.00～15.0 | +0.70<br>-0.40 | +0.85<br>-0.45 | +1.05<br>-0.55 | +1.20<br>-0.60 |
| >15.0～25.0 | +0.85<br>-0.45 | +1.00<br>-0.50 | +1.15<br>-0.65 | +1.50<br>-0.70 |
| >25.0～40.0 | +0.90<br>-0.50 | +1.05<br>-0.55 | +1.30<br>-0.70 | +1.60<br>-0.80 |
| >40.0～60.0 | +1.05<br>-0.55 | +1.20<br>-0.60 | +1.45<br>-0.75 | +1.70<br>-0.90 |
| >60.0～100 | +1.20<br>-0.60 | +1.50<br>-0.70 | +1.75<br>-0.85 | +2.00<br>-1.00 |
| >100～150 | +1.60<br>-0.80 | +1.90<br>-0.90 | +2.15<br>-1.05 | +2.40<br>-1.20 |
| >150～200 | +1.90<br>-0.90 | +2.20<br>-1.00 | +2.45<br>-1.15 | +2.50<br>-1.30 |
| >200～250 | +2.20<br>-1.00 | +2.40<br>-1.20 | +2.70<br>-1.30 | +3.00<br>-1.40 |
| >250～300 | +2.40<br>-1.20 | +2.70<br>-1.30 | +2.95<br>-1.45 | +3.20<br>-1.60 |
| >300～400 | +2.70<br>-1.30 | +3.00<br>-1.40 | +3.25<br>-1.55 | +3.50<br>-1.70 |

表 1-36　单轧钢板的厚度允许偏差（B 类）　　　（单位：mm）

| 公称厚度 | 下列公称宽度的厚度允许偏差 | | | | |
| --- | --- | --- | --- | --- | --- |
| | ≤1500 | | >1500～2500 | >2500～4000 | >4000～4800 |
| 3.00～5.00 | | +0.60 | +0.80 | +1.00 | — |
| >5.00～8.00 | | +0.70 | +0.90 | +1.20 | — |
| >8.00～15.0 | | +0.80 | +1.00 | +1.30 | +1.50 |
| >15.0～25.0 | | +1.00 | +1.20 | +1.50 | +1.90 |
| >25.0～40.0 | | +1.10 | +1.30 | +1.70 | +2.10 |
| >40.0～60.0 | -0.30 | +1.30 | +1.50 | +1.90 | +2.30 |
| >60.0～100 | | +1.50 | +1.80 | +2.30 | +2.70 |
| >100～150 | | +2.10 | +2.50 | +2.90 | +3.30 |
| >150～200 | | +2.50 | +2.90 | +3.30 | +3.50 |
| >200～250 | | +2.90 | +3.30 | +3.70 | 4.10 |
| >250～300 | | +3.30 | +3.70 | +4.10 | +4.50 |
| >300～400 | | +3.70 | +4.10 | +4.50 | +4.90 |

**表 1-37　单轧钢板的厚度允许偏差（C 类）**　　　　　（单位：mm）

| 公称厚度 | 下列公称宽度的厚度允许偏差 | | | | | | | |
|---|---|---|---|---|---|---|---|---|
| | ≤1500 | | >1500～2500 | | >2500～4000 | | >4000～4800 | |
| 3.00～5.00 | | +0.90 | | +1.10 | | +1.30 | | — |
| >5.00～8.00 | | +1.00 | | +1.20 | | +1.50 | | — |
| >8.00～15.0 | | +1.10 | | +1.30 | | +1.60 | | +1.80 |
| >15.0～25.0 | | +1.30 | | +1.50 | | +1.80 | | +2.20 |
| >25.0～40.0 | | +1.40 | | +1.60 | | +2.00 | | +2.40 |
| >40.0～60.0 | 0 | +1.60 | 0 | +1.80 | 0 | +2.20 | 0 | +2.60 |
| >60.0～100 | | +1.80 | | +2.20 | | +2.60 | | +3.00 |
| >100～150 | | +2.40 | | +2.80 | | +3.20 | | +3.60 |
| >150～200 | | +2.80 | | +3.20 | | +3.60 | | +3.80 |
| >200～250 | | +3.20 | | +3.60 | | +4.00 | | +4.40 |
| >250～300 | | +3.60 | | +4.00 | | +4.40 | | +4.80 |
| >300～400 | | +4.00 | | +4.40 | | +4.80 | | +5.20 |

3）钢带（包括连轧钢板）的厚度偏差应符合表 1-38 的规定。需方要求按较高厚度精度供货时应在合同中注明，未注明的按普通精度供货。根据需方要求，可以在表 1-38 规定的公差范围内调整钢带的正负偏差。

**表 1-38　钢带（包括连轧钢板）的厚度允许偏差（N 类）**　　　　　（单位：mm）

| 公称厚度 | 钢带厚度允许偏差[①] | | | | | | | |
|---|---|---|---|---|---|---|---|---|
| | 普通精度　PT,A | | | | 较高精度　PT,B | | | |
| | 公称宽度 | | | | 公称宽度 | | | |
| | 600～1200 | >1200～1500 | >1500～1800 | >1800 | 600～1200 | >1200～1500 | >1500～1800 | >1800 |
| 0.8～1.5 | ±0.15 | ±0.17 | — | — | ±0.10 | ±0.12 | — | — |
| >1.5～2.0 | ±0.17 | ±0.19 | ±0.21 | — | ±0.13 | ±0.14 | ±0.14 | — |
| >2.0～2.5 | ±0.18 | ±0.21 | ±0.23 | ±0.25 | ±0.14 | ±0.15 | ±0.17 | ±0.20 |
| >2.5～3.0 | ±0.20 | ±0.22 | ±0.24 | ±0.26 | ±0.15 | ±0.17 | ±0.19 | ±0.21 |
| >3.0～4.0 | ±0.22 | ±0.24 | ±0.26 | ±0.27 | ±0.17 | ±0.18 | ±0.21 | ±0.22 |
| >4.0～5.0 | ±0.24 | ±0.26 | ±0.28 | ±0.29 | ±0.19 | ±0.21 | ±0.22 | ±0.23 |
| >5.0～6.0 | ±0.26 | ±0.28 | ±0.29 | ±0.31 | ±0.21 | ±0.22 | ±0.23 | ±0.25 |
| >6.0～8.0 | ±0.29 | ±0.30 | ±0.31 | ±0.35 | ±0.23 | ±0.24 | ±0.25 | ±0.28 |
| >8.0～10.0 | ±0.32 | ±0.33 | ±0.34 | ±0.40 | ±0.26 | ±0.26 | ±0.27 | ±0.32 |
| >10.0～12.5 | ±0.35 | ±0.36 | ±0.37 | ±0.43 | ±0.28 | ±0.29 | ±0.30 | ±0.36 |
| >12.5～15.0 | ±0.37 | ±0.38 | ±0.40 | ±0.46 | ±0.30 | ±0.31 | ±0.33 | ±0.39 |
| >15.0～25.4 | ±0.40 | ±0.42 | ±0.45 | ±0.50 | ±0.32 | ±0.34 | ±0.37 | ±0.42 |

① 规定最小屈服强度 $R_e \geqslant 345\text{MPa}$ 的钢带，厚度偏差应增加 10%。

（2）宽度允许偏差

1）切边单轧钢板的宽度允许偏差应符合表1-39的规定。

**表1-39 切边单轧钢板的宽度允许偏差** （单位：mm）

| 公称厚度 | 公称宽度 | 允许偏差 |
|---|---|---|
| 3~16 | ≤1500 | +10 / 0 |
| | >1500 | +15 / 0 |
| >16 | ≤2000 | +20 / 0 |
| | >2000~3000 | +25 / 0 |
| | >3000 | +30 / 0 |

2）不切边单轧钢板的宽度允许偏差由供需双方协商。

3）不切边钢带（包括连轧钢板）的宽度允许偏差应符合表1-40的规定。

**表1-40 不切边钢带（包括连轧钢板）的宽度允许偏差** （单位：mm）

| 公 称 宽 度 | 允 许 偏 差 |
|---|---|
| ≤1500 | +20 / 0 |
| >1500 | +25 / 0 |

4）切边钢带（包括连轧钢板）的宽度允许偏差应符合表1-41的规定。经供需双方协定，可以供应较高宽度精度的钢带。

**表1-41 切边钢带（包括连轧钢板）的宽度允许偏差** （单位：mm）

| 公 称 宽 度 | 允 许 偏 差 |
|---|---|
| ≤1200 | +3 / 0 |
| >1200~1500 | +5 / 0 |
| >1500 | +6 / 0 |

5）纵切钢带的宽度允许偏差应符合表1-42的规定。

**表1-42 纵切钢带的宽度允许偏差** （单位：mm）

| 公 称 宽 度 | 公 称 厚 度 | | |
|---|---|---|---|
| | ≤4.0 | >4.0~8.0 | >8.0 |
| 120~160 | +1 / 0 | +2 / 0 | +2.5 / 0 |
| >160~250 | +1 / 0 | +2 / 0 | +2.5 / 0 |
| >250~600 | +2 / 0 | +2.5 / 0 | +3 / 0 |
| >600~900 | +2 / 0 | +2.5 / 0 | +3 / 0 |

（3）长度允许偏差

1）单轧钢板长度允许偏差应符合表1-43的规定。

表1-43　单轧钢板长度允许偏差　　　　　　　（单位：mm）

| 公 称 长 度 | 允 许 偏 差 |
|---|---|
| 2000～4000 | +20<br>0 |
| >4000～6000 | +30<br>0 |
| >6000～8000 | +40<br>0 |
| >8000～10000 | +50<br>0 |
| >10000～15000 | +75<br>0 |
| >15000～20000 | +100<br>0 |
| >20000 | 由供需双方协商 |

2）连轧钢板长度允许偏差应符合表1-44的规定。

表1-44　连轧钢板长度允许偏差　　　　　　　（单位：mm）

| 公 称 长 度 | 允 许 偏 差 |
|---|---|
| 2000～8000 | +0.5%×公称长度 |
| >8000 | +40<br>0 |

## 5. 外形

（1）不平度

1）单轧钢板按下列两类钢，分别规定钢板不平度。

钢类L：规定的最低屈服强度值≤460MPa，未经淬火加回火处理的钢板。

钢类H：规定的最低屈服强度值>460～700MPa，以及所有淬火或淬火加回火的钢板。

① 单轧钢板的不平度按表1-45的规定。

表1-45　单轧钢板的不平度　　　　　　　（单位：mm）

| 公称厚度 | 钢类 L | | | | 钢类 H | | | |
|---|---|---|---|---|---|---|---|---|
| | 下列公称宽度钢板的不平度,不大于 | | | | | | | |
| | ≤3000 | | >3000 | | ≤3000 | | >3000 | |
| | 测量长度 | | | | | | | |
| | 1000 | 2000 | 1000 | 2000 | 1000 | 2000 | 1000 | 2000 |
| 3～5 | 9 | 14 | 15 | 24 | 12 | 17 | 19 | 29 |
| >5～8 | 8 | 12 | 14 | 21 | 11 | 15 | 18 | 26 |
| >8～15 | 7 | 11 | 11 | 17 | 10 | 14 | 16 | 22 |

（续）

| 公称厚度 | 钢类 L | | | | 钢类 H | | | |
|---|---|---|---|---|---|---|---|---|
| | 下列公称宽度钢板的不平度,不大于 | | | | | | | |
| | ≤3000 | | >3000 | | ≤3000 | | >3000 | |
| | 测量长度 | | | | | | | |
| | 1000 | 2000 | 1000 | 2000 | 1000 | 2000 | 1000 | 2000 |
| >15~25 | 7 | 10 | 10 | 15 | 10 | 13 | 14 | 19 |
| >25~40 | 6 | 9 | 9 | 13 | 9 | 12 | 13 | 17 |
| >40~400 | 5 | 8 | 8 | 11 | 8 | 11 | 11 | 15 |

② 如测量时直尺（线）与钢板接触点之间距离小于1000mm，则不平度最大允许值应符合以下要求：对钢类 L，为接触点间距离（300~1000mm）的1%；对钢类 H，为接触点间距离（300~1000mm）的1.5%。但两者均不得超过表1-45的规定。

2）连轧钢板的不平度按表1-46的规定。

表1-46　连轧钢板的不平度　　（单位：mm）

| 公称厚度 | 公称宽度 | 不平度,不大于 | | |
|---|---|---|---|---|
| | | 规定的屈服强度,$R_e$ | | |
| | | <220MPa | 220~320MPa | >320MPa |
| ≤2 | ≤1200 | 21 | 26 | 32 |
| | >1200~1500 | 25 | 31 | 36 |
| | >1500 | 30 | 38 | 45 |
| >2 | ·≤1200 | 18 | 22 | 27 |
| | >1200~1500 | 23 | 29 | 34 |
| | >1500 | 28 | 35 | 42 |

3）如用户对钢板的不平度有要求，在用户开卷设备能保证质量的前提下，供需双方可以协商规定，并在合同中注明。

（2）镰刀弯及切斜　钢板的镰刀弯及切斜应受限制，应保证钢板订货尺寸的矩形。

1）镰刀弯。

① 单轧钢板的镰刀弯应不大于实际长度的0.2%。

② 钢带（包括纵切钢带）和连轧钢板的镰刀弯按表1-47的规定，对不切头尾的不切边钢带检查镰刀弯时，两端不考核的总长度按表中第4项检查不切头尾的不切边钢带的厚度、宽度两端不考核总长规定。

表1-47　钢带（包括纵切钢带）和连轧钢板的镰刀弯　　（单位：mm）

| 产品类型 | 公称长度 | 公称宽度 | 镰刀弯,不大于 | | 测量长度 |
|---|---|---|---|---|---|
| | | | 切边 | 不切边 | |
| 连轧钢板 | <5000 | ≥600 | 实际长度×0.3% | 实际长度×0.4% | 实际长度 |
| | ≥5000 | ≥600 | 15 | 20 | 任意5000mm 长度 |
| 钢带 | — | ≥600 | 15 | 20 | 任意5000mm 长度 |
| | — | <600 | 15 | — | |

2）切斜。钢板的切斜应不大于实际宽度的1%。

（3）钢带应牢固地成卷 钢带卷的一侧塔形高度不得超过表1-48的规定。

表1-48 塔形高度 （单位：mm）

| 公称宽度 | 切边 | 不切边 |
|---|---|---|
| ≤1000 | 20 | 50 |
| >1000 | 30 | 60 |

# 八、H型钢、H型钢桩

## 1. 实际案例展示

## 2. 分类及代号

H型钢、H型钢桩一般统称H型钢。H型钢的截面特性明显优于传统的工字钢、槽钢、角钢以及它们的组合截面，所以在钢结构工程中得到了越来越广泛的应用。H型钢的分类和代号如下：

H型钢分为四类，其代号如下：

宽翼缘H型钢HW（W为Wide英文字头）。

中翼缘H型钢HM（M为Middle英文字头）。

窄翼缘H型钢HN（N为Narrow英文字头）。

薄　壁H型钢HT（T为Thin的英文字头）。

桩　类H型钢HP（P为Pile英文字头）。

部分T型钢分为三类，其代号如下：

宽翼缘剖分T型钢TW（W为Wide英文字头）。

中翼缘剖分T型钢TM（M为Middle英文字头）。

窄翼缘剖分T型钢TN（N为Narrow英文字头）。

## 3. 尺寸、外形、重量及允许偏差

（1）尺寸的表示方法

1）H 型钢、H 型钢桩和剖分 T 型钢的截面图示及标注符号如图 1-1 和图 1-2 所示。

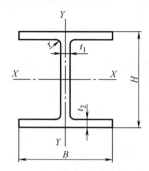

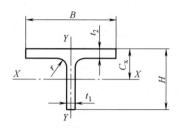

图 1-1　H 型钢截面图

$H$—高度　$B$—宽度　$t_1$—腹板厚度

$t_2$—翼缘厚度　$r$—圆角半径

图 1-2　剖分 T 型钢截面图

$H$—高度　$B$—宽度　$t_1$—腹板厚度

$t_2$—翼缘厚度　$r$—圆角半径　$C_x$—重心

2）H 型钢、H 型钢桩和剖分 T 型钢的截面尺寸、截面面积、理论重量及截面特性参数应分别符合表 1-49 或表 1-50 或表 1-51 的规定。根据需方要求，也可由供需双方协议供应其他参数要求的产品。工字钢和 H 型钢型号截面特性参数对比见《热轧 H 型钢和剖分 T 型钢》（GB/T 11263—2010）附录 D 的规定。

**表 1-49　H 型钢截面尺寸、截面面积、理论重量及截面特性**

| 类别 | 型号 $\left(\dfrac{\text{高度}}{\text{mm}} \times \dfrac{\text{宽度}}{\text{mm}}\right)$ | 截面尺寸/mm | | | | | 截面面积 /cm² | 理论重量/ (kg/m) | 惯性矩/cm⁴ | | 惯性半径/cm | | 截面模数/cm³ | |
| --- | --- | --- | --- | --- | --- | --- | --- | --- | --- | --- | --- | --- | --- | --- |
| | | $H$ | $B$ | $t_1$ | $t_2$ | $r$ | | | $I_x$ | $I_y$ | $i_x$ | $i_y$ | $W_x$ | $W_y$ |
| HW | 100 × 100 | 100 | 100 | 6 | 8 | 8 | 21.58 | 16.9 | 378 | 134 | 4.18 | 2.48 | 75.6 | 26.7 |
| | 125 × 125 | 125 | 125 | 6.5 | 9 | 8 | 30.00 | 23.6 | 839 | 293 | 5.28 | 3.12 | 134 | 46.9 |
| | 150 × 150 | 150 | 150 | 7 | 10 | 8 | 39.64 | 31.1 | 1620 | 563 | 6.39 | 3.76 | 216 | 75.1 |
| | 175 × 175 | 175 | 175 | 7.5 | 11 | 13 | 51.42 | 40.4 | 2900 | 984 | 7.50 | 4.37 | 331 | 112 |
| | 200 × 200 | 200 | 200 | 8 | 12 | 13 | 63.53 | 49.9 | 4720 | 1600 | 8.61 | 5.02 | 472 | 160 |
| | | ∗200 | 204 | 12 | 12 | 13 | 71.53 | 56.2 | 4980 | 1700 | 8.34 | 4.87 | 498 | 167 |
| | 250 × 250 | ∗244 | 252 | 11 | 11 | 13 | 81.31 | 63.8 | 8700 | 2940 | 10.3 | 6.01 | 713 | 233 |
| | | 250 | 250 | 9 | 14 | 13 | 91.43 | 71.8 | 10700 | 3650 | 10.8 | 6.31 | 860 | 292 |
| | | ∗250 | 255 | 14 | 14 | 13 | 103.9 | 81.6 | 11400 | 3880 | 10.5 | 6.10 | 912 | 304 |
| | 300 × 300 | ∗294 | 302 | 12 | 12 | 13 | 106.3 | 83.5 | 16600 | 5510 | 12.5 | 7.20 | 1130 | 365 |
| | | 300 | 300 | 10 | 15 | 13 | 118.5 | 93.0 | 20200 | 6750 | 13.1 | 7.55 | 1350 | 450 |
| | | ∗300 | 305 | 15 | 15 | 13 | 133.5 | 105 | 21300 | 7100 | 12.6 | 7.29 | 1420 | 466 |
| | 350 × 350 | ∗338 | 351 | 13 | 13 | 13 | 133.3 | 105 | 27700 | 9380 | 14.4 | 8.38 | 1640 | 534 |
| | | ∗334 | 348 | 10 | 16 | 13 | 144.0 | 113 | 32800 | 11200 | 15.1 | 8.83 | 1910 | 646 |
| | | ∗344 | 354 | 16 | 16 | 13 | 164.7 | 129 | 34900 | 11800 | 14.6 | 8.48 | 2030 | 669 |
| | | 350 | 350 | 12 | 19 | 13 | 171.9 | 135 | 39800 | 13600 | 15.2 | 8.88 | 2280 | 776 |
| | | ∗350 | 357 | 19 | 19 | 13 | 196.4 | 154 | 42300 | 14400 | 14.7 | 8.57 | 2420 | 808 |
| | 400 × 400 | ∗388 | 402 | 15 | 15 | 22 | 178.5 | 140 | 49000 | 16300 | 16.6 | 9.54 | 2520 | 809 |
| | | ∗394 | 398 | 11 | 18 | 22 | 186.8 | 147 | 56100 | 18900 | 17.3 | 10.1 | 2850 | 951 |

（续）

| 类别 | 型号<br>（高度/mm × 宽度/mm） | 截面尺寸/mm | | | | | 截面面积/cm² | 理论重量/(kg/m) | 惯性矩/cm⁴ | | 惯性半径/cm | | 截面模数/cm³ | |
|---|---|---|---|---|---|---|---|---|---|---|---|---|---|---|
| | | $H$ | $B$ | $t_1$ | $t_2$ | $r$ | | | $I_x$ | $I_y$ | $i_x$ | $i_y$ | $W_x$ | $W_y$ |
| HW | 400×400 | *394 | 405 | 18 | 18 | 22 | 214.4 | 168 | 59700 | 20000 | 16.7 | 9.64 | 3030 | 985 |
| | | 400 | 400 | 13 | 21 | 22 | 218.7 | 172 | 66600 | 22400 | 17.5 | 10.1 | 3330 | 1120 |
| | | *400 | 408 | 21 | 21 | 22 | 250.7 | 197 | 70900 | 23800 | 16.8 | 9.74 | 3540 | 1170 |
| | | *414 | 405 | 18 | 28 | 22 | 295.4 | 232 | 92800 | 31000 | 17.7 | 10.2 | 4480 | 1530 |
| | | *428 | 407 | 20 | 35 | 22 | 360.7 | 283 | 119000 | 39400 | 18.2 | 10.4 | 5570 | 1930 |
| | | *458 | 417 | 30 | 50 | 22 | 528.6 | 415 | 187000 | 60500 | 18.8 | 10.7 | 8170 | 2900 |
| | | *498 | 432 | 45 | 70 | 22 | 770.1 | 604 | 298000 | 94400 | 19.7 | 11.1 | 12000 | 4370 |
| | 500×500 | *492 | 465 | 15 | 20 | 22 | 258.0 | 202 | 117000 | 33500 | 21.3 | 11.4 | 4770 | 1440 |
| | | *502 | 465 | 15 | 25 | 22 | 304.5 | 239 | 146000 | 41900 | 21.9 | 11.7 | 5810 | 1800 |
| | | *502 | 470 | 20 | 25 | 22 | 329.6 | 259 | 151000 | 43300 | 21.4 | 11.5 | 6020 | 1840 |
| HM | 150×100 | 148 | 100 | 6 | 9 | 8 | 26.34 | 20.7 | 1000 | 150 | 6.16 | 2.38 | 135 | 30.1 |
| | 200×150 | 194 | 150 | 6 | 9 | 8 | 38.10 | 29.9 | 2630 | 507 | 8.30 | 3.64 | 271 | 67.6 |
| | 250×175 | 244 | 175 | 7 | 11 | 13 | 55.49 | 43.6 | 6040 | 984 | 10.4 | 4.21 | 495 | 112 |
| | 300×200 | 294 | 200 | 8 | 12 | 13 | 71.05 | 55.8 | 11100 | 1600 | 12.5 | 4.74 | 756 | 160 |
| | | *298 | 201 | 9 | 14 | 13 | 82.03 | 64.4 | 13100 | 1900 | 12.6 | 4.80 | 878 | 189 |
| | 350×250 | 340 | 250 | 9 | 14 | 13 | 99.53 | 78.1 | 21200 | 3650 | 14.6 | 6.05 | 1250 | 292 |
| | 400×300 | 390 | 300 | 10 | 16 | 13 | 133.3 | 105 | 37900 | 7200 | 16.9 | 7.35 | 1940 | 480 |
| | 450×300 | 440 | 300 | 11 | 18 | 13 | 153.9 | 121 | 54700 | 8110 | 18.9 | 7.25 | 2490 | 540 |
| | 500×300 | *482 | 300 | 11 | 15 | 13 | 141.2 | 111 | 58300 | 6760 | 20.3 | 6.91 | 2420 | 450 |
| | | 488 | 300 | 11 | 18 | 13 | 159.2 | 125 | 68900 | 8110 | 20.8 | 7.13 | 2820 | 540 |
| | 550×300 | *544 | 300 | 11 | 15 | 13 | 148.0 | 116 | 76400 | 6760 | 22.7 | 6.75 | 2810 | 450 |
| | | *550 | 300 | 11 | 18 | 13 | 166.0 | 130 | 89800 | 8110 | 23.3 | 6.98 | 3270 | 540 |
| | 600×300 | *582 | 300 | 12 | 17 | 13 | 169.2 | 133 | 98900 | 7660 | 24.2 | 6.72 | 3400 | 511 |
| | | 588 | 300 | 12 | 20 | 13 | 187.2 | 147 | 114000 | 9010 | 24.7 | 6.93 | 3890 | 601 |
| | | *594 | 302 | 14 | 23 | 13 | 217.1 | 170 | 134000 | 10600 | 24.8 | 6.97 | 4500 | 700 |
| HN | *100×50 | 100 | 50 | 5 | 7 | 8 | 11.84 | 9.30 | 187 | 14.8 | 3.97 | 1.11 | 37.5 | 5.91 |
| | *125×60 | 125 | 60 | 6 | 8 | 8 | 16.68 | 13.1 | 409 | 29.1 | 4.95 | 1.32 | 65.4 | 9.71 |
| | 150×75 | 150 | 75 | 5 | 7 | 8 | 17.84 | 14.0 | 666 | 49.5 | 6.10 | 1.66 | 88.8 | 13.2 |
| | 175×90 | 175 | 90 | 5 | 8 | 8 | 22.89 | 18.0 | 1210 | 97.5 | 7.25 | 2.06 | 138 | 21.7 |
| | 200×100 | *198 | 99 | 4.5 | 7 | 8 | 22.68 | 17.8 | 1540 | 113 | 8.24 | 2.23 | 156 | 22.9 |
| | | 200 | 100 | 5.5 | 8 | 8 | 26.66 | 20.9 | 1810 | 134 | 8.22 | 2.23 | 181 | 26.7 |
| | 250×125 | *248 | 124 | 5 | 8 | 8 | 31.98 | 25.1 | 3450 | 255 | 10.4 | 2.82 | 278 | 41.1 |
| | | 250 | 125 | 6 | 9 | 8 | 36.96 | 29.0 | 3960 | 294 | 10.4 | 2.81 | 317 | 47.0 |
| | 300×150 | *298 | 149 | 5.5 | 8 | 13 | 40.80 | 32.0 | 6320 | 442 | 12.4 | 3.29 | 424 | 59.3 |
| | | 300 | 150 | 6.5 | 9 | 13 | 46.78 | 36.7 | 7210 | 508 | 12.4 | 3.29 | 481 | 67.7 |

（续）

| 类别 | 型号 ($\frac{高度}{mm} \times \frac{宽度}{mm}$) | 截面尺寸/mm | | | | | 截面面积 /cm² | 理论重量 /(kg/m) | 惯性矩/cm⁴ | | 惯性半径/cm | | 截面模数/cm³ | |
|---|---|---|---|---|---|---|---|---|---|---|---|---|---|---|
| | | $H$ | $B$ | $t_1$ | $t_2$ | $r$ | | | $I_x$ | $I_y$ | $i_x$ | $i_y$ | $W_x$ | $W_y$ |
| HN | 350×175 | *346 | 174 | 6 | 9 | 13 | 52.45 | 41.2 | 11000 | 791 | 14.5 | 3.88 | 638 | 91.0 |
| | | 350 | 175 | 7 | 11 | 13 | 62.91 | 49.4 | 13500 | 984 | 14.6 | 3.95 | 771 | 112 |
| | 400×150 | 400 | 150 | 8 | 13 | 13 | 70.37 | 55.2 | 18600 | 734 | 16.3 | 3.22 | 929 | 97.8 |
| | 400×200 | *396 | 199 | 7 | 11 | 13 | 71.41 | 56.1 | 19000 | 1450 | 16.6 | 4.50 | 999 | 145 |
| | | 400 | 200 | 8 | 13 | 13 | 83.37 | 65.4 | 23500 | 1740 | 16.8 | 4.56 | 1170 | 174 |
| | 450×150 | *446 | 150 | 7 | 12 | 13 | 66.99 | 52.6 | 22000 | 677 | 18.1 | 3.17 | 985 | 90.3 |
| | | *450 | 151 | 8 | 14 | 13 | 77.49 | 60.8 | 25700 | 806 | 18.2 | 3.22 | 1140 | 107 |
| | 450×200 | 446 | 199 | 8 | 12 | 13 | 82.97 | 65.1 | 28100 | 1580 | 18.4 | 4.36 | 1260 | 159 |
| | | 450 | 200 | 9 | 14 | 13 | 95.43 | 74.9 | 32900 | 1870 | 18.6 | 4.42 | 1460 | 187 |
| | 475×150 | *470 | 150 | 7 | 13 | 13 | 71.53 | 56.2 | 26200 | 733 | 19.1 | 3.20 | 1110 | 97.8 |
| | | *475 | 151.5 | 8.5 | 15.5 | 13 | 86.15 | 67.6 | 31700 | 901 | 19.2 | 3.23 | 1330 | 119 |
| | | 482 | 153.5 | 10.5 | 19 | 13 | 106.4 | 83.5 | 39600 | 1150 | 19.3 | 3.28 | 1640 | 150 |
| | 500×150 | *492 | 150 | 7 | 12 | 13 | 70.21 | 55.1 | 27500 | 677 | 19.8 | 3.10 | 1120 | 90.3 |
| | | *500 | 152 | 9 | 16 | 13 | 92.21 | 72.4 | 37000 | 940 | 20.0 | 3.19 | 1480 | 124 |
| | | 504 | 153 | 10 | 18 | 13 | 103.3 | 81.1 | 41900 | 1080 | 20.1 | 3.23 | 1660 | 141 |
| | 500×200 | *496 | 199 | 9 | 14 | 13 | 99.29 | 77.9 | 40800 | 1840 | 20.3 | 4.30 | 1650 | 185 |
| | | 500 | 200 | 10 | 16 | 13 | 112.3 | 88.1 | 46800 | 2140 | 20.4 | 4.36 | 1870 | 214 |
| | | *506 | 201 | 11 | 19 | 13 | 129.3 | 102 | 55500 | 2580 | 20.7 | 4.46 | 2190 | 257 |
| | 550×200 | *546 | 199 | 9 | 14 | 13 | 103.8 | 81.5 | 50800 | 1840 | 22.1 | 4.21 | 1860 | 185 |
| | | 550 | 200 | 10 | 16 | 13 | 117.3 | 92.0 | 58200 | 2140 | 22.3 | 4.27 | 2120 | 214 |
| | 600×200 | *596 | 199 | 10 | 15 | 13 | 117.8 | 92.4 | 66600 | 1980 | 23.8 | 4.09 | 2240 | 199 |
| | | 600 | 200 | 11 | 17 | 13 | 131.7 | 103 | 75600 | 2270 | 24.0 | 4.15 | 2520 | 227 |
| | | *606 | 201 | 12 | 20 | 13 | 149.8 | 118 | 88300 | 2720 | 24.3 | 4.25 | 2910 | 270 |
| | 625×200 | *625 | 198.5 | 11.5 | 17.5 | 13 | 138.8 | 109 | 85000 | 2290 | 24.8 | 4.06 | 2720 | 231 |
| | | 630 | 200 | 13 | 20 | 13 | 158.2 | 124 | 97900 | 2680 | 24.9 | 4.11 | 3110 | 268 |
| | | *638 | 202 | 15 | 24 | 13 | 186.6 | 147 | 118000 | 3320 | 25.2 | 4.21 | 3710 | 328 |
| | 650×300 | *646 | 299 | 10 | 15 | 13 | 152.8 | 120 | 110000 | 6690 | 26.9 | 6.61 | 3410 | 447 |
| | | *650 | 300 | 11 | 17 | 13 | 171.2 | 134 | 125000 | 7660 | 27.0 | 6.68 | 3850 | 511 |
| | | *656 | 301 | 12 | 20 | 13 | 195.8 | 154 | 147000 | 9100 | 27.4 | 6.81 | 4470 | 605 |
| | 700×300 | *692 | 300 | 13 | 20 | 18 | 207.5 | 163 | 168000 | 9020 | 28.5 | 6.59 | 4870 | 601 |
| | | 700 | 300 | 13 | 24 | 18 | 231.5 | 182 | 197000 | 10800 | 29.2 | 6.83 | 5640 | 721 |
| | 750×300 | *734 | 299 | 12 | 16 | 18 | 182.7 | 143 | 161000 | 7140 | 29.7 | 6.25 | 4390 | 478 |
| | | *742 | 300 | 13 | 20 | 18 | 214.0 | 168 | 197000 | 9020 | 30.4 | 6.49 | 5320 | 601 |
| | | *750 | 300 | 13 | 24 | 18 | 238.0 | 187 | 231000 | 10800 | 31.1 | 6.74 | 6150 | 721 |
| | | *758 | 303 | 16 | 28 | 18 | 284.8 | 224 | 276000 | 13000 | 31.1 | 6.75 | 7270 | 859 |

（续）

| 类别 | 型号 $\left(\dfrac{高度}{mm}\times\dfrac{宽度}{mm}\right)$ | 截面尺寸/mm | | | | | 截面面积 /cm² | 理论重量/ (kg/m) | 惯性矩/cm⁴ | | 惯性半径/cm | | 截面模数/cm³ | |
|---|---|---|---|---|---|---|---|---|---|---|---|---|---|---|
| | | $H$ | $B$ | $t_1$ | $t_2$ | $r$ | | | $I_x$ | $I_y$ | $i_x$ | $i_y$ | $W_x$ | $W_y$ |
| HN | 800×300 | *792 | 300 | 14 | 22 | 18 | 239.5 | 188 | 248000 | 9920 | 32.2 | 6.43 | 6270 | 661 |
| | | 800 | 300 | 14 | 26 | 18 | 263.5 | 207 | 286000 | 11700 | 33.0 | 6.66 | 7160 | 781 |
| | 850×300 | *834 | 298 | 14 | 19 | 18 | 227.5 | 179 | 251000 | 8400 | 33.2 | 6.07 | 6020 | 564 |
| | | *842 | 299 | 15 | 23 | 18 | 259.7 | 204 | 298000 | 10300 | 33.9 | 6.28 | 7080 | 687 |
| | | *850 | 300 | 16 | 27 | 18 | 292.1 | 229 | 346000 | 12200 | 34.4 | 6.45 | 8140 | 812 |
| | | *858 | 301 | 17 | 31 | 18 | 324.7 | 255 | 395000 | 14100 | 34.9 | 6.59 | 9210 | 939 |
| | 900×300 | *890 | 299 | 15 | 23 | 18 | 266.9 | 210 | 339000 | 10300 | 35.6 | 6.20 | 7610 | 687 |
| | | 900 | 300 | 16 | 28 | 18 | 305.8 | 240 | 404000 | 12600 | 36.4 | 6.42 | 8990 | 842 |
| | | *912 | 302 | 18 | 34 | 18 | 360.1 | 283 | 491000 | 15700 | 36.9 | 6.59 | 10800 | 1040 |
| | 1000×300 | *970 | 297 | 16 | 21 | 18 | 276.0 | 217 | 393000 | 9210 | 37.8 | 5.77 | 8110 | 620 |
| | | *980 | 298 | 17 | 26 | 18 | 315.5 | 248 | 472000 | 11500 | 38.7 | 6.04 | 9630 | 772 |
| | | *990 | 298 | 17 | 31 | 18 | 345.3 | 271 | 544000 | 13700 | 39.7 | 6.30 | 11000 | 921 |
| | | *1000 | 300 | 19 | 36 | 18 | 395.1 | 310 | 634000 | 16300 | 40.1 | 6.41 | 12700 | 1080 |
| | | *1008 | 302 | 21 | 40 | 18 | 439.3 | 345 | 712000 | 18400 | 40.3 | 6.47 | 14100 | 1220 |
| HT | 100×50 | 95 | 48 | 3.2 | 4.5 | 8 | 7.620 | 5.98 | 115 | 8.39 | 3.88 | 1.04 | 24.2 | 3.49 |
| | | 97 | 49 | 4 | 5.5 | 8 | 9.370 | 7.36 | 143 | 10.9 | 3.91 | 1.07 | 29.6 | 4.45 |
| | 100×100 | 96 | 99 | 4.5 | 6 | 8 | 16.20 | 12.7 | 272 | 97.2 | 4.09 | 2.44 | 56.7 | 19.6 |
| | 125×60 | 118 | 58 | 3.2 | 4.5 | 8 | 9.250 | 7.26 | 218 | 14.7 | 4.85 | 1.26 | 37.0 | 5.08 |
| | | 120 | 59 | 4 | 5.5 | 8 | 11.39 | 8.94 | 271 | 19.0 | 4.87 | 1.29 | 45.2 | 6.43 |
| | 125×125 | 119 | 123 | 4.5 | 6 | 8 | 20.12 | 15.8 | 532 | 186 | 5.14 | 3.04 | 89.5 | 30.3 |
| | 150×75 | 145 | 73 | 3.2 | 4.5 | 8 | 11.47 | 9.00 | 416 | 29.3 | 6.01 | 1.59 | 57.3 | 8.02 |
| | | 147 | 74 | 4 | 5.5 | 8 | 14.12 | 11.1 | 516 | 37.3 | 6.04 | 1.62 | 70.2 | 10.1 |
| | 150×100 | 139 | 97 | 3.2 | 4.5 | 8 | 13.43 | 10.6 | 476 | 68.6 | 5.94 | 2.25 | 68.4 | 14.1 |
| | | 142 | 99 | 4.5 | 6 | 8 | 18.27 | 14.3 | 654 | 97.2 | 5.98 | 2.30 | 92.1 | 19.6 |
| | 150×150 | 144 | 148 | 5 | 7 | 8 | 27.76 | 21.8 | 1090 | 378 | 6.25 | 3.69 | 151 | 51.1 |
| | | 147 | 149 | 6 | 8.5 | 8 | 33.67 | 26.4 | 1350 | 469 | 6.32 | 3.73 | 183 | 63.0 |
| | 175×90 | 168 | 88 | 3.2 | 4.5 | 8 | 13.55 | 10.6 | 670 | 51.2 | 7.02 | 1.94 | 79.7 | 11.6 |
| | | 171 | 89 | 4 | 6 | 8 | 17.58 | 13.8 | 894 | 70.7 | 7.13 | 2.00 | 105 | 15.9 |
| | 175×175 | 167 | 173 | 5 | 7 | 13 | 33.32 | 26.2 | 1780 | 605 | 7.30 | 4.26 | 213 | 69.9 |
| | | 172 | 175 | 6.5 | 9.5 | 13 | 44.64 | 35.0 | 2470 | 850 | 7.43 | 4.36 | 287 | 97.1 |
| | 200×100 | 193 | 98 | 3.2 | 4.5 | 8 | 15.25 | 12.0 | 994 | 70.7 | 8.07 | 2.15 | 103 | 14.4 |
| | | 196 | 99 | 4 | 6 | 8 | 19.78 | 15.5 | 1320 | 97.2 | 8.18 | 2.21 | 135 | 19.6 |
| | 200×150 | 188 | 149 | 4.5 | 6 | 8 | 26.34 | 20.7 | 1730 | 331 | 8.09 | 3.54 | 184 | 44.4 |
| | 200×200 | 192 | 198 | 6 | 8 | 13 | 43.69 | 34.3 | 3060 | 1040 | 8.37 | 4.86 | 319 | 105 |
| | 250×125 | 244 | 124 | 4.5 | 6 | 8 | 25.86 | 20.3 | 2650 | 191 | 10.1 | 2.71 | 217 | 30.8 |

（续）

| 类别 | 型号 $\left(\dfrac{高度}{mm}\times\dfrac{宽度}{mm}\right)$ | 截面尺寸/mm | | | | | 截面面积 /cm² | 理论重量/ (kg/m) | 惯性矩/cm⁴ | | 惯性半径/cm | | 截面模数/cm³ | |
|---|---|---|---|---|---|---|---|---|---|---|---|---|---|---|
| | | $H$ | $B$ | $t_1$ | $t_2$ | $r$ | | | $I_x$ | $I_y$ | $i_x$ | $i_y$ | $W_x$ | $W_y$ |
| HT | $250\times175$ | 238 | 173 | 4.5 | 8 | 13 | 39.12 | 30.7 | 4240 | 691 | 10.4 | 4.20 | 356 | 79.9 |
| | $300\times150$ | 294 | 148 | 4.5 | 6 | 13 | 31.90 | 25.0 | 4800 | 325 | 12.3 | 3.19 | 327 | 43.9 |
| | $300\times200$ | 286 | 198 | 6 | 8 | 13 | 49.33 | 38.7 | 7360 | 1040 | 12.2 | 4.58 | 515 | 105 |
| | $350\times175$ | 340 | 173 | 4.5 | 6 | 13 | 36.97 | 29.0 | 7490 | 518 | 14.2 | 3.74 | 441 | 59.9 |
| | $400\times150$ | 390 | 148 | 6 | 8 | 13 | 47.57 | 37.3 | 11700 | 434 | 15.7 | 3.01 | 602 | 58.6 |
| | $400\times200$ | 390 | 198 | 6 | 8 | 13 | 55.57 | 43.6 | 14700 | 1040 | 16.2 | 4.31 | 752 | 105 |

注：1. 表中同一型号的产品，其内侧尺寸高度一致。

2. 表中截面面积计算公式为：$t_1(H-2t_2)+2Bt_2+0.858r^2$。

3. 表中"＊"表示的规格为市场非常用规格。

**表 1-50　H 型钢桩截面尺寸、截面面积、理论重量及截面特性**

| 类别 | 型号 $\left(\dfrac{高度}{mm}\times\dfrac{宽度}{mm}\right)$ | 截面尺寸/mm | | | | | 截面面积 /cm² | 理论重量/ (kg/m) | 惯性矩/cm⁴ | | 惯性半径/cm | | 截面模数/cm³ | | 表面面积/ (m²/m) |
|---|---|---|---|---|---|---|---|---|---|---|---|---|---|---|---|
| | | $H$ | $B$ | $t_1$ | $t_2$ | $r$ | | | $I_x$ | $I_y$ | $i_x$ | $i_y$ | $W_x$ | $W_y$ | |
| HP | $200\times200$ | 200 | 200 | 8 | 12 | 13 | 63.53 | 49.9 | 4720 | 1600 | 8.61 | 5.02 | 472 | 160 | 1.16 |
| | $250\times250$ | 250 | 250 | 9 | 14 | 13 | 91.43 | 71.8 | 10700 | 3650 | 10.8 | 6.31 | 860 | 292 | 1.46 |
| | $300\times300$ | 300 | 300 | 10 | 15 | 13 | 118.5 | 93.0 | 20200 | 6750 | 13.1 | 7.55 | 1350 | 450 | 1.76 |
| | $350\times350$ | 344 | 348 | 10 | 16 | 13 | 144.0 | 113 | 32800 | 11200 | 15.1 | 8.83 | 1910 | 646 | 2.04 |
| | | 350 | 350 | 12 | 19 | 13 | 171.9 | 135 | 39800 | 13600 | 15.2 | 8.88 | 2280 | 776 | 2.05 |
| | $400\times400$ | 400 | 400 | 13 | 21 | 22 | 218.7 | 172 | 66600 | 22400 | 17.5 | 10.1 | 3330 | 1120 | 2.34 |
| | | ＊400 | 408 | 21 | 21 | 22 | 250.7 | 197 | 70900 | 23800 | 16.8 | 9.74 | 3540 | 1170 | 2.35 |
| | | ＊414 | 405 | 18 | 28 | 22 | 295.4 | 232 | 92800 | 31000 | 17.7 | 10.2 | 4480 | 1530 | 2.37 |
| | | ＊428 | 407 | 20 | 35 | 22 | 360.7 | 283 | 11900 | 39400 | 18.2 | 10.4 | 5570 | 1930 | 2.41 |
| | | ＊458 | 417 | 30 | 50 | 22 | 528.6 | 415 | 18700 | 60500 | 18.8 | 10.7 | 8170 | 2900 | 2.49 |
| | | ＊498 | 432 | 45 | 70 | 22 | 770.1 | 604 | 29800 | 94400 | 19.7 | 11.1 | 12000 | 4370 | 2.60 |

注：同表 1-49 表注。

**表 1-51　剖分 T 型钢的截面尺寸、截面面积、理论重量及截面特性**

| 类别 | 型号 $\left(\dfrac{高度}{mm}\times\dfrac{宽度}{mm}\right)$ | 截面尺寸/mm | | | | | 截面面积 /cm² | 理论重量/ (kg/m) | 惯性矩 /cm⁴ | | 惯性半径 /cm | | 截面模数 /cm³ | | 重心 $C_x$ /cm | 对应 H 型钢系列型号 |
|---|---|---|---|---|---|---|---|---|---|---|---|---|---|---|---|---|
| | | $h$ | $H$ | $t_1$ | $t_2$ | $r$ | | | $I_x$ | $I_y$ | $i_x$ | $i_y$ | $W_x$ | $W_y$ | | |
| TW | $50\times100$ | 50 | 100 | 6 | 8 | 8 | 10.79 | 8.47 | 16.1 | 66.8 | 1.22 | 2.48 | 4.02 | 13.4 | 1.00 | $100\times100$ |
| | $62.5\times125$ | 62.5 | 125 | 6.5 | 9 | 8 | 15.00 | 11.8 | 35.0 | 147 | 1.52 | 3.12 | 6.91 | 23.5 | 1.19 | $125\times125$ |
| | $75\times150$ | 75 | 150 | 7 | 10 | 8 | 19.82 | 15.6 | 66.4 | 282 | 1.82 | 3.76 | 10.8 | 37.5 | 1.37 | $150\times150$ |
| | $87.5\times175$ | 87.5 | 175 | 7.5 | 11 | 13 | 25.71 | 20.2 | 115 | 492 | 2.11 | 4.37 | 15.9 | 56.2 | 1.55 | $175\times175$ |
| | $100\times200$ | 100 | 200 | 8 | 12 | 13 | 31.76 | 24.9 | 184 | 801 | 2.40 | 5.02 | 22.3 | 80.1 | 1.73 | $200\times200$ |
| | | 100 | 204 | 12 | 12 | 13 | 35.76 | 28.1 | 256 | 851 | 2.67 | 4.87 | 32.4 | 83.4 | 2.09 | |

（续）

| 类别 | 型号 ($\frac{高度}{mm} \times \frac{宽度}{mm}$) | 截面尺寸/mm | | | | | 截面面积 /cm² | 理论重量/ (kg/m) | 惯性矩 /cm⁴ | | 惯性半径 /cm | | 截面模数 /cm³ | | 重心 $C_x$ /cm | 对应H型钢系列型号 |
|---|---|---|---|---|---|---|---|---|---|---|---|---|---|---|---|---|
| | | $h$ | $H$ | $t_1$ | $t_2$ | $r$ | | | $I_x$ | $I_y$ | $i_x$ | $i_y$ | $W_x$ | $W_y$ | | |
| TW | 125×250 | 125 | 250 | 9 | 14 | 13 | 45.71 | 35.9 | 412 | 1820 | 3.00 | 6.31 | 39.5 | 146 | 2.08 | 250×250 |
| | | 125 | 255 | 14 | 14 | 13 | 51.96 | 40.8 | 589 | 1940 | 3.36 | 6.10 | 59.4 | 152 | 2.58 | |
| | 150×300 | 147 | 302 | 12 | 12 | 13 | 53.16 | 41.7 | 857 | 2760 | 4.01 | 7.20 | 72.3 | 183 | 2.85 | 300×306 |
| | | 150 | 300 | 10 | 15 | 13 | 59.22 | 46.5 | 798 | 3380 | 3.67 | 7.55 | 63.7 | 225 | 2.47 | |
| | | 150 | 305 | 15 | 15 | 13 | 66.72 | 52.4 | 1110 | 3550 | 4.07 | 7.29 | 92.5 | 233 | 3.04 | |
| | 175×350 | 172 | 348 | 10 | 16 | 13 | 72.00 | 56.5 | 1230 | 5620 | 4.13 | 8.83 | 84.7 | 323 | 2.67 | 350×350 |
| | | 175 | 350 | 12 | 19 | 13 | 85.94 | 67.5 | 1520 | 6790 | 4.20 | 8.88 | 104 | 388 | 2.87 | |
| | 200×400 | 194 | 402 | 15 | 15 | 22 | 89.22 | 70.0 | 2480 | 8130 | 5.27 | 9.54 | 158 | 404 | 3.70 | 400×400 |
| | | 197 | 398 | 11 | 18 | 22 | 93.40 | 73.3 | 2050 | 9460 | 4.67 | 10.1 | 123 | 475 | 3.01 | |
| | | 200 | 400 | 13 | 21 | 22 | 109.3 | 85.8 | 2480 | 11200 | 4.75 | 10.1 | 147 | 560 | 3.21 | |
| | | 200 | 408 | 21 | 21 | 22 | 125.3 | 98.4 | 3650 | 11900 | 5.39 | 9.74 | 229 | 584 | 4.07 | |
| | | 207 | 405 | 18 | 28 | 22 | 147.7 | 116 | 3620 | 15500 | 4.95 | 10.2 | 213 | 766 | 3.68 | |
| | | 214 | 407 | 20 | 35 | 22 | 180.3 | 142 | 4380 | 19700 | 4.92 | 10.4 | 250 | 967 | 3.90 | |
| TM | 75×100 | 74 | 100 | 6 | 9 | 8 | 13.17 | 10.3 | 51.7 | 75.2 | 1.98 | 2.38 | 8.84 | 15.0 | 1.56 | 150×100 |
| | 100×150 | 97 | 150 | 6 | 9 | 8 | 19.05 | 15.0 | 124 | 253 | 2.55 | 3.64 | 15.8 | 33.8 | 1.80 | 200×150 |
| | 125×175 | 122 | 175 | 7 | 11 | 13 | 27.74 | 21.8 | 288 | 492 | 3.22 | 4.21 | 29.1 | 56.2 | 2.28 | 250×175 |
| | 150×200 | 147 | 200 | 8 | 12 | 13 | 35.52 | 27.9 | 571 | 801 | 4.00 | 4.74 | 48.2 | 80.1 | 2.85 | 300×200 |
| | | 149 | 201 | 9 | 14 | 13 | 41.01 | 32.2 | 661 | 949 | 4.01 | 4.80 | 55.2 | 94.4 | 2.92 | |
| | 175×250 | 170 | 250 | 9 | 14 | 13 | 49.76 | 39.1 | 1020 | 1820 | 4.51 | 6.05 | 73.2 | 146 | 3.11 | 350×250 |
| | 200×300 | 195 | 300 | 10 | 16 | 13 | 66.62 | 52.3 | 1730 | 3600 | 5.09 | 7.35 | 108 | 240 | 3.43 | 400×300 |
| | 225×300 | 220 | 300 | 11 | 18 | 13 | 76.94 | 60.4 | 2680 | 4050 | 5.89 | 7.25 | 150 | 270 | 4.09 | 450×300 |
| | 250×300 | 241 | 300 | 11 | 15 | 13 | 70.58 | 55.4 | 3400 | 3380 | 6.93 | 6.91 | 178 | 225 | 5.00 | 500×300 |
| | | 244 | 300 | 11 | 18 | 13 | 79.58 | 62.5 | 3610 | 4050 | 6.73 | 7.13 | 184 | 270 | 4.72 | |
| | 275×300 | 272 | 300 | 11 | 15 | 13 | 73.99 | 58.1 | 4790 | 3380 | 8.04 | 6.75 | 225 | 225 | 5.96 | 550×300 |
| | | 275 | 300 | 11 | 18 | 13 | 82.99 | 65.2 | 5090 | 4050 | 7.82 | 6.98 | 232 | 270 | 5.59 | |
| | 300×300 | 291 | 300 | 12 | 17 | 13 | 84.60 | 66.4 | 6320 | 3830 | 8.64 | 6.72 | 280 | 255 | 6.51 | 600×300 |
| | | 294 | 300 | 12 | 20 | 13 | 93.60 | 73.5 | 6680 | 4500 | 8.44 | 6.93 | 288 | 300 | 6.17 | |
| | | 297 | 302 | 14 | 23 | 13 | 108.5 | 85.2 | 7890 | 5290 | 8.52 | 6.97 | 339 | 350 | 6.41 | |
| TN | 50×50 | 50 | 50 | 5 | 7 | 8 | 5.920 | 4.65 | 11.8 | 7.39 | 1.41 | 1.11 | 3.18 | 2.95 | 1.28 | 100×50 |
| | 62.5×60 | 62.5 | 60 | 6 | 8 | 8 | 8.340 | 6.55 | 27.5 | 14.6 | 1.81 | 1.32 | 5.96 | 4.85 | 1.64 | 125×60 |
| | 75×75 | 75 | 75 | 5 | 7 | 8 | 8.920 | 7.00 | 42.6 | 24.7 | 2.18 | 1.66 | 7.46 | 6.59 | 1.79 | 150×75 |
| | 87.5×90 | 85.5 | 89 | 4 | 6 | 8 | 8.790 | 6.90 | 53.7 | 35.3 | 2.47 | 2.00 | 8.02 | 7.94 | 1.86 | 175×90 |
| | | 87.5 | 90 | 5 | 8 | 8 | 11.44 | 8.98 | 70.6 | 48.7 | 2.48 | 2.06 | 10.4 | 10.8 | 1.93 | |
| | 100×100 | 99 | 99 | 4.5 | 7 | 8 | 11.34 | 8.90 | 93.5 | 56.7 | 2.87 | 2.23 | 12.1 | 11.5 | 2.17 | 200×100 |
| | | 100 | 100 | 5.5 | 8 | 8 | 13.33 | 10.5 | 114 | 66.9 | 2.92 | 2.23 | 14.8 | 13.4 | 2.31 | |

（续）

| 类别 | 型号（高度×宽度）/mm | 截面尺寸/mm | | | | | 截面面积/cm² | 理论重量/(kg/m) | 惯性矩/cm⁴ | | 惯性半径/cm | | 截面模数/cm³ | | 重心 $C_x$/cm | 对应H型钢系列型号 |
|---|---|---|---|---|---|---|---|---|---|---|---|---|---|---|---|---|
| | | $h$ | $H$ | $t_1$ | $t_2$ | $r$ | | | $I_x$ | $I_y$ | $i_x$ | $i_y$ | $W_x$ | $W_y$ | | |
| TN | 125×125 | 124 | 124 | 5 | 8 | 8 | 15.99 | 12.6 | 207 | 127 | 3.59 | 2.82 | 21.3 | 20.5 | 2.66 | 250×125 |
| | | 125 | 125 | 6 | 9 | 8 | 18.48 | 14.5 | 248 | 147 | 3.66 | 2.81 | 25.6 | 23.5 | 2.81 | |
| | 150×150 | 149 | 149 | 5.5 | 8 | 13 | 20.40 | 16.0 | 393 | 221 | 4.39 | 3.29 | 33.8 | 29.7 | 3.26 | 300×150 |
| | | 150 | 150 | 6.5 | 9 | 13 | 23.39 | 18.4 | 464 | 254 | 4.45 | 3.29 | 40.0 | 33.8 | 3.41 | |
| | 175×175 | 173 | 174 | 6 | 9 | 13 | 26.22 | 20.6 | 679 | 396 | 5.08 | 3.88 | 50.0 | 45.5 | 3.72 | 350×175 |
| | | 175 | 175 | 7 | 11 | 13 | 31.45 | 24.7 | 814 | 492 | 5.08 | 3.95 | 59.3 | 56.2 | 3.76 | |
| | 200×200 | 198 | 199 | 7 | 11 | 13 | 35.70 | 28.0 | 1190 | 723 | 5.77 | 4.50 | 76.4 | 72.7 | 4.20 | 400×200 |
| | | 200 | 200 | 8 | 13 | 13 | 41.68 | 32.7 | 1390 | 868 | 5.78 | 4.56 | 88.6 | 86.8 | 4.26 | |
| | 225×150 | 223 | 150 | 7 | 12 | 13 | 33.49 | 26.3 | 1570 | 338 | 6.84 | 3.17 | 93.7 | 45.1 | 5.54 | 450×150 |
| | | 225 | 151 | 8 | 14 | 13 | 38.74 | 30.4 | 1830 | 403 | 6.87 | 3.22 | 108 | 53.4 | 5.62 | |
| | 225×200 | 223 | 199 | 8 | 12 | 13 | 41.48 | 32.6 | 1870 | 789 | 6.71 | 4.36 | 109 | 79.3 | 5.15 | 450×200 |
| | | 225 | 200 | 9 | 14 | 13 | 47.71 | 37.5 | 2150 | 935 | 6.71 | 4.42 | 124 | 93.5 | 5.19 | |
| | 237.5×150 | 235 | 150 | 7 | 13 | 13 | 35.76 | 28.1 | 1850 | 367 | 7.18 | 3.20 | 104 | 48.9 | 7.50 | 475×150 |
| | | 237.5 | 151.5 | 8.5 | 15.5 | 13 | 43.07 | 33.8 | 2270 | 451 | 7.25 | 3.23 | 128 | 59.5 | 7.57 | |
| | | 241 | 153.5 | 10.5 | 19 | 13 | 53.20 | 41.8 | 2860 | 575 | 7.33 | 3.28 | 160 | 75.0 | 7.67 | |
| | 250×150 | 246 | 150 | 7 | 12 | 13 | 35.10 | 27.6 | 2060 | 339 | 7.66 | 3.10 | 113 | 45.1 | 6.36 | 500×150 |
| | | 250 | 152 | 9 | 16 | 13 | 46.10 | 36.2 | 2750 | 470 | 7.71 | 3.19 | 149 | 61.9 | 6.53 | |
| | | 252 | 153 | 10 | 18 | 13 | 51.66 | 40.6 | 3100 | 540 | 7.74 | 3.23 | 167 | 70.5 | 6.62 | |
| | 250×200 | 248 | 199 | 9 | 14 | 13 | 49.64 | 39.0 | 2820 | 921 | 7.54 | 4.30 | 150 | 92.6 | 5.97 | 500×200 |
| | | 250 | 200 | 10 | 16 | 13 | 56.12 | 44.1 | 3200 | 1070 | 7.54 | 4.36 | 169 | 107 | 6.03 | |
| | | 253 | 201 | 11 | 19 | 13 | 64.65 | 50.8 | 3660 | 1290 | 7.52 | 4.46 | 189 | 128 | 6.00 | |
| | 275×200 | 273 | 199 | 9 | 14 | 13 | 51.89 | 40.7 | 3690 | 921 | 8.43 | 4.21 | 180 | 92.6 | 6.85 | 550×200 |
| | | 275 | 200 | 10 | 16 | 13 | 58.62 | 46.0 | 4180 | 1070 | 8.44 | 4.27 | 203 | 107 | 6.89 | |
| | 300×200 | 298 | 199 | 10 | 15 | 13 | 58.87 | 46.2 | 5150 | 988 | 9.35 | 4.09 | 235 | 99.3 | 7.92 | 600×200 |
| | | 300 | 200 | 11 | 17 | 13 | 65.85 | 51.7 | 5770 | 1140 | 9.35 | 4.15 | 262 | 114 | 7.95 | |
| | | 303 | 201 | 12 | 20 | 13 | 74.88 | 58.8 | 6530 | 1360 | 9.33 | 4.25 | 291 | 135 | 7.88 | |
| | 312.5×200 | 312.5 | 198.5 | 11.5 | 17.5 | 13 | 69.38 | 54.5 | 6690 | 1140 | 9.81 | 4.06 | 294 | 115 | 9.92 | 625×200 |
| | | 315 | 200 | 13 | 20 | 13 | 79.07 | 62.1 | 7680 | 1340 | 9.85 | 4.11 | 336 | 134 | 10.0 | |
| | | 319 | 202 | 15 | 24 | 13 | 93.45 | 73.6 | 91.40 | 1660 | 9.89 | 4.21 | 395 | 164 | 10.1 | |
| | 325×300 | 323 | 299 | 10 | 15 | 12 | 76.26 | 59.9 | 7220 | 3340 | 9.73 | 6.62 | 289 | 224 | 7.28 | 650×100 |
| | | 325 | 300 | 11 | 17 | 13 | 85.60 | 67.2 | 8090 | 3830 | 9.71 | 6.68 | 321 | 255 | 7.29 | |
| | | 328 | 301 | 12 | 20 | 13 | 97.88 | 76.8 | 9120 | 4550 | 9.65 | 6.81 | 356 | 302 | 7.20 | |
| | 350×300 | 346 | 300 | 13 | 20 | 13 | 103.1 | 80.9 | 1120 | 4510 | 10.4 | 6.61 | 424 | 300 | 8.12 | 700×300 |
| | | 350 | 300 | 13 | 24 | 13 | 115.1 | 90.4 | 1200 | 5410 | 10.2 | 6.85 | 438 | 360 | 7.65 | |

（续）

| 类别 | 型号<br>（高度×<br>mm<br>宽度）<br>mm | 截面尺寸/mm | | | | | 截面<br>面积<br>/cm² | 理论<br>重量/<br>(kg/m) | 惯性矩<br>/cm⁴ | | 惯性半径<br>/cm | | 截面模数<br>/cm³ | | 重心<br>$C_x$<br>/cm | 对应 H<br>型钢系<br>列型号 |
|---|---|---|---|---|---|---|---|---|---|---|---|---|---|---|---|---|
| | | $h$ | $H$ | $t_1$ | $t_2$ | $r$ | | | $I_x$ | $I_y$ | $i_x$ | $i_y$ | $W_x$ | $W_y$ | | |
| TN | 400×300 | 396 | 300 | 14 | 22 | 18 | 119.8 | 94.0 | 1760 | 4960 | 12.1 | 6.43 | 592 | 331 | 9.77 | 800×300 |
| | | 400 | 300 | 14 | 26 | 18 | 131.8 | 103 | 1870 | 5860 | 11.9 | 6.66 | 610 | 391 | 9.27 | |
| | 450×300 | 445 | 299 | 15 | 23 | 18 | 133.5 | 105 | 2590 | 5140 | 13.9 | 6.20 | 789 | 344 | 11.7 | 900×300 |
| | | 450 | 300 | 16 | 28 | 18 | 152.9 | 120 | 2910 | 6320 | 13.8 | 6.42 | 865 | 421 | 11.4 | |
| | | 456 | 302 | 18 | 34 | 18 | 180.0 | 141 | 3410 | 7830 | 13.8 | 6.59 | 997 | 518 | 11.3 | |

3）H 型钢、H 型钢桩和剖分 T 型钢的交货长度应在合同中注明，通常订货长度为 12m，根据需方要求也可以供应其他长度产品。

（2）尺寸、外形允许偏差

1）H 型钢和剖分 T 型钢尺寸、外形允许偏差应分别符合表 1-52 或表 1-54 的规定，表 1-50 所列的 H 型钢桩规格，其 $H$、$B$、$t_1$、$t_2$ 等的尺寸偏差按表 1-53 的规定执行。根据需方要求，H 型钢、H 型钢桩和剖分 T 型钢尺寸、外形允许偏差可执行供需双方协议规定。

2）H 型钢和剖分 T 型钢的切断面上不得有大于 8mm 的毛刺。

3）H 型钢和剖分 T 型钢不得有明显的扭转。

**表 1-52　H 型钢尺寸、外形允许偏差**　　　　　　　（单位：mm）

| 项　　目 | | 允　许　偏　差 | 图　　示 |
|---|---|---|---|
| 高度 $H$<br>（按型号） | <400 | ±2.0 | |
| | ≥400～<600 | ±3.0 | |
| | ≥600 | ±4.0 | |
| 宽度 $B$<br>（按型号） | <100 | ±2.0 | |
| | ≥100～<200 | ±2.5 | |
| | ≥200 | ±3.0 | |
| 厚度 | $t_1$ | <5 | ±0.5 | |
| | | ≥5～<16 | ±0.7 | |
| | | ≥16～<25 | ±1.0 | |
| | | ≥25～>40 | ±1.5 | |
| | | ≥40 | ±2.0 | |
| | $t_2$ | <5 | ±0.7 | |
| | | ≥5～<16 | ±1.0 | |
| | | ≥16～<25 | ±1.5 | |
| | | ≥25～>40 | ±1.7 | |
| | | ≥40 | ±2.0 | |
| 长度 | ≤7m | +60<br>0 | |
| | >7m | 长度每增加 1m 或不足<br>1m 时,正偏差在上述基础<br>上加 5mm | |

（续）

| 项 目 | | 允 许 偏 差 | 图 示 |
|---|---|---|---|
| 翼缘斜度 $T$ | 高度（型号）≤300 | $T≤1.0\%B$。但允许偏差的最小值为 1.5mm | |
| | 高度（型号）>300 | $T≤1.2\%B$。但允许偏差的最小值为 1.5mm | |
| 弯曲度 | 高度（型号）≤300 | ≤长度的 0.15% | 适用于上下、左右大弯曲 |
| | 高度（型号）>300 | ≤长度的 0.10% | |
| 中心偏差 $S$ | 高度（型号）≤300 且 宽度（型号）≤200 | ±2.5 | $S = \dfrac{b_1 - b_2}{2}$ |
| | 高度（型号）>300 或 宽度（型号）>200 | ±3.5 | |
| 腹板 弯曲度 $W$ | 高度（型号）<400 | ≤2.0 | |
| | ≥400 ~ <600 | ≤2.5 | |
| | ≥600 | ≤3.0 | |
| 翼缘弯曲 $F$ | 宽度 $B≤400$ | ≤0.5% $b$。但是，允许偏差值的最大值为 1.5mm | |
| 端面斜度 $e$ | | $e≤1.6\%$（$H$ 或 $B$），但允许偏差的最小值为 3.0mm | |
| 翼缘腿端外缘钝化 | | 不得使直径等于 $0.18t_2$ 的圆棒通过 | |

## 表 1-53 H 型钢桩尺寸、外形允许偏差 （单位：mm）

| 项 目 | | 允 许 偏 差 | 图 示 |
|---|---|---|---|
| 高度 $H$（按型号） | | 0 −1.0 | |
| 宽度 $B$（按型号） | | 0 −1.0 | |
| 厚度（$t_1$、$t_2$） | ≤16 | 0 −0.7 | |
| | >16 | 0 −0.4% | |

**表 1-54 T 型钢尺寸、外形允许偏差** （单位：mm）

| 项　目 | | 允　许　偏　差 | 图　示 |
|---|---|---|---|
| 高度 h（按型号） | ＜200 | +4.0 / −6.0 | |
| | ≥200 ～ ＜300 | +5.0 / −7.0 | |
| | ≥300 | +6.0 / −8.0 | |
| 翼缘翘曲 e | 连接部位 | e≤B/200 且 e≤1.5 | |
| | 一般部位　B≤150 | e≤2.0 | |
| | B＞150 | e≤B/150 | |

注：其他部位的允许偏差，按对应 H 型钢规格的部位允许偏差。

（3）重量及允许偏差

1）H 型钢、H 型钢桩和剖分 T 型钢应按理论重量交货（理论重量按密度为 7.85g/cm³ 计算）。经供需双方协商并在合同中注明，也可按实际重量交货。

2）H 型钢、H 型钢桩和剖分 T 型钢交货重量允许偏差应符合表 1-55 的规定。允许偏差的计算方法为实际重量与理论重量之差除以理论重量，以百分率表示。

**表 1-55 H 型钢、H 型钢桩和剖分 T 型钢交货重量允许偏差**

| 腹板厚度 | 允许偏差 |
|---|---|
| ＜10mm | ±5% |
| ≥10mm | ±4% |

注：适用于同一尺寸的一批（质量1t以上）。但是，相当于1t而根数不足10根时，适用于10根以上的一批。

## 4. 技术要求

（1）交货状态　H 型钢和 H 型钢桩以热轧状态交货，剖分 T 型钢由热轧 H 型钢剖分而成。

（2）钢的牌号和化学成分

1）H 型钢、H 型钢桩和剖分 T 型钢的牌号和化学成分（熔炼分析），应符合《碳素结构钢》（GB/T 700—2006）或《船舶及海洋工程用结构钢》（GB 712—2011）或《桥梁用结构钢》（GB/T 714—2008）或《低合金高强度结构钢》（GB/T 1591—2008）或《高耐候性结构钢》（GB/T 4171—2008）的有关规定。经供需双方协商，并在合同中注明，也可按其他牌号和化学成分供货。

2）H 型钢、H 型钢桩和剖分 T 型钢的成品化学成分允许偏差应符合《钢的成品化学成分允许偏差》（GB/T 222—2006）的规定。

（3）力学性能　H 型钢、H 型钢桩和剖分 T 型钢的力学性能应符合《碳素结构钢》（GB/T 700—2006）或《船舶及海洋工程用结构钢》（GB 712—2011）或《桥梁用结构钢》（GB/T 714—2008）或《低合金高强度结构钢》（GB/T 1591—2008）或《高耐候性结构钢》（GB/T 4171—2008）或《焊接结构用耐候钢》（GB/T 4172—2000）的有关规定。经供需双方协商，并在合同中注明，也可按其他力学性能、工艺性能指标供货。

（4）表面质量

1）H 型钢、H 型钢桩和剖分 T 型钢表面不允许有影响使用的裂缝、折叠、结疤、分层和夹杂。局部细小的裂纹、凹坑、凸起、麻点及刮痕等缺陷允许存在，但不得超出厚度尺寸允许偏差。

2）H 型钢、H 型钢桩和剖分 T 型钢表面缺陷允许用砂轮等机械方法修磨或焊补进行缺陷清除或修补。

## 九、型钢

### 1. 实际案例展示

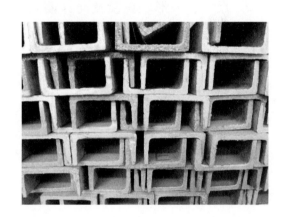

### 2. 分类及型号

工字钢翼缘是变截面，靠腹板部厚，外部薄；H 型钢的翼缘是等截面。

工字钢分普通工字钢和轻型工字钢两种，其型号用截面高度（单位为"cm"）来表示。对于 20 号以上普通工字钢，根据腹板厚度和翼缘宽度的不同，同一号工字钢又有 a、b 或 a、b、c 三种区别，其中 a 类腹板最薄、最窄，b 类较厚较宽，c 类最厚最宽。同样高度的轻型工字钢的翼缘要比普通工字钢的翼缘宽而薄，腹板也薄，故重量较轻、截面回转半径略大。轻型工字钢也有部分型号（从 118 至 130）有两种规格（如 118 和 118a，120 和 120a）。

槽钢是槽形截面的型材，有热轧普通槽钢和轻型槽钢两种，与工字钢一样是以截面高度的厘米数表示型号。从 [14 开始，也有 a、b 或 a、b、c 规格的区分，其不同点是腹板厚度和翼缘的宽度。槽钢翼缘内表面的斜度（1:10）比工字钢要平缓，紧固连接螺栓比较容易。型号相同的轻型槽钢比普通槽钢的翼缘宽且薄，腹板厚度也小，截面特性更好一些。

角钢是传统的格构式钢结构构件中应用最广泛的轧制型材，有等边角钢和不等边角钢两大类。按现行国家标准《热轧型钢》（GB/T 706—2008）的规定，角钢的型号以其肢长表示，单位以厘米计。在一个型号内，可以有 2～7 个肢厚的不同规格，为截面选择提供了方便，如常用的 10 号等边角钢，肢厚规格有 6mm、7mm、8mm、10mm、12mm、14mm、16mm 共七种。

### 3. 尺寸、外形、重量及允许偏差

（1）尺寸的表示方法

1）型钢的截面图示及标注符号如图 1-3～图 1-6 所示。

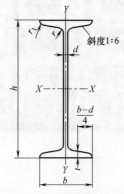

图 1-3　工字钢截面图

$h$—高度　$b$—腿宽度　$d$—腰厚度　$t$—平均腿厚度

$r$—内圆弧半径　$r_1$—腿端圆弧半径

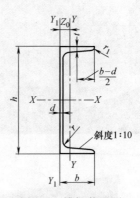

图 1-4　槽钢截面图

$h$—高度　$b$—腿宽度　$d$—腰厚度　$t$—平均腿厚度

$r$—内圆弧半径　$r_1$—腿端圆弧半径　$Z_0$—YY 轴与 $Y_1Y_1$ 轴间距

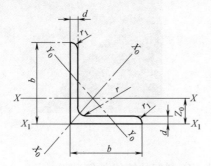

图 1-5　等边角钢截面图

$b$—边宽度　$d$—边厚度　$r$—内圆弧半径

$r_1$—边端圆弧半径　$Z_0$—重心距离

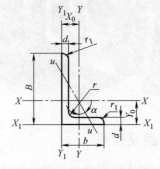

图 1-6　不等边角钢截面图

$B$—长边宽度　$b$—短边宽度　$d$—边厚度

$r$—内圆弧半径　$r_1$—边端圆弧半径

$X_0$—重心距离　$Y_0$—重心距离

2）型钢的截面尺寸、截面面积、理论重量及截面特性参数应符合《热轧型钢》（GB/T 706—2008）附录 A 的规定。

（2）尺寸、外形及允许偏差

1）型钢的尺寸、外形及允许偏差应符合表 1-56～表 1-58 的规定。根据需方要求，型钢的尺寸、外形及允许偏差也可按照供需双方协定。

**表 1-56　工字钢、槽钢尺寸、外形及允许偏差**　　　　（单位：mm）

| | 高度 | 允许偏差 | 图　　示 |
|---|---|---|---|
| 高度($h$) | <100 | ±1.5 | |
| | 100～<200 | ±2.0 | |
| | 200～<400 | ±3.0 | |
| | ≥400 | ±4.0 | |
| 腿宽度($b$) | <100 | ±1.5 | |
| | 100～<150 | ±2.0 | |
| | 150～<200 | ±2.5 | |
| | 200～<300 | ±3.0 | |
| | 300～<400 | ±3.5 | |
| | ≥400 | ±4.0 | |
| 腰厚度($d$) | <100 | ±0.4 | |
| | 100～<200 | ±0.5 | |
| | 200～<300 | ±0.7 | |
| | 300～<400 | ±0.8 | |
| | ≥400 | ±0.9 | |
| 外缘斜度($T$) | | $T \leqslant 1.5\% b$<br>$2T \leqslant 2.5\% b$ | |
| 弯腰挠度($W$) | | $W \leqslant 0.15 d$ | |
| 弯曲度 | 工字钢 | 每米弯曲度≤2mm<br>总弯曲度≤总长度的0.20% | 适用于上下、左右大弯曲 |
| | 槽钢 | 每米弯曲度≤3mm<br>总弯曲度≤总长度的0.30% | |

**表 1-57　角钢尺寸、外形及允许偏差**　　　　　　（单位：mm）

| 项　目 | | 允许偏差 | | 图　示 |
|---|---|---|---|---|
| | | 等边角钢 | 不等边角钢 | |
| 边宽度($B,b$) | 边宽度[1]≤56 | ±0.8 | ±0.8 | |
| | >56～90 | ±1.2 | ±1.5 | |
| | >90～140 | ±1.8 | ±2.0 | |
| | >140～200 | ±2.5 | ±2.5 | |
| | >200 | ±3.5 | ±3.5 | |
| 边厚度($d$) | 边宽度[1]≤56 | ±0.4 | | |
| | >56～90 | ±0.6 | | |
| | >90～140 | ±0.7 | | |
| | >140～200 | ±1.0 | | |
| | >200 | ±1.4 | | |
| 顶端直角 | | $\alpha \leqslant 50'$ | | |
| 弯曲度 | | 每米弯曲度≤3mm<br>总弯曲度≤总长度的0.30% | | 适用于上下、左右大弯曲 |

[1] 不等边角钢按长边宽度 $B$。

**表 1-58　L 型钢尺寸、外形及允许偏差**　　　　　　（单位：mm）

| 项　目 | | | 允许偏差 | 图　示 |
|---|---|---|---|---|
| 边宽度($B,b$) | | | ±4.0 | |
| 边厚度 | 长边厚度($D$) | | +1.6<br>-0.4 | |
| | 短边厚度($d$) | ≤20 | +2.0<br>-0.4 | |
| | | >20～30 | +2.0<br>-0.5 | |
| | | >30～35 | +2.5<br>-0.6 | |
| 垂直度($T$) | | | $T \leqslant 2.5\%\, b$ | |
| 长边平直度($W$) | | | $W \leqslant 0.15D$ | |
| 弯曲度 | | | 每米弯曲度≤3mm<br>总弯曲度≤总长度的0.30% | 适用于上下、左右大弯曲 |

2）工字钢的腿端外缘钝化、槽钢的腿端外缘和肩钝化不应使直径等于 0.18$d$ 的圆棒通过，角钢的边端外角和顶角钝化不应使直径等于 0.18$d$ 的圆棒通过。

3）工字钢、槽钢的外缘斜度和弯腰挠度、角钢的顶端直角在距端头不小于 750mm 处检查。

4）工字钢、槽钢平均腿厚度（$t$）的允许偏差为 ±0.06$t$，在车削轧辊上检查。

5）根据双方协定，相对于工字钢垂直轴的腿的不对称度，不应超过腿宽公差的一半。

6）工字钢不应有明显的扭转。

（3）长度及允许偏差

1）角钢的通常长度为 4000～19000mm，其他型钢的通常长度为 5000～19000mm。根据需方要求也可以供应其他长度的产品。

2）型钢的长度允许偏差按表 1-59 规定。

**表 1-59　型钢的长度允许偏差**

| 长度/mm | 允许偏差/mm |
|---|---|
| ≤8000mm | +50 0 |
| >8000mm | +80 0 |

（4）重量及允许偏差

1）型钢应按理论重量交货，理论重量按密度为 7.85g/cm$^3$ 计算。经供需双方协商并在合同中注明，也可按实际重量交货。

2）根据双方协议，型钢的每米重量允许偏差不应超过 −5%～+3%。

3）型钢的截面面积计算公式按表 1-60 的规定。

**表 1-60　截面面积的计算公式**

| 型 钢 种 类 | 计 算 公 式 |
|---|---|
| 工字钢 | $hd + 2t(b-d) + 0.615(r^2 - r_1^2)$ |
| 槽钢 | $hd + 2t(b-d) + 0.349(r^2 - r_1^2)$ |
| 等边角钢 | $d(2b-d) + 0.215(r^2 - 2r_1^2)$ |
| 不等边角钢 | $d(B+b-d) + 0.215(r^2 - 2r_1^2)$ |
| L 型钢 | $BD + d(b-D) + 0.215(r^2 - r_1^2)$ |

## 4. 技术要求

（1）钢的牌号和化学成分　钢的牌号和化学成分（熔炼分析）应符合《碳素结构钢》（GB/T 700—2006）或《低合金高强度结构钢》（GB/T 1591—2008）的有关规定。根据需方要求，经供需双方协商，也可按其他牌号和化学成分供货。

（2）交货状态　型钢以热轧状态交货。

（3）力学性能　型钢的力学性能应符合《碳素结构钢》（GB/T 700—2006）或《低合金高强度结构钢》（GB/T 1591—2008）的有关规定。经供需双方协商，也可按其他力学性能指标供货。

（4）表面质量

1）型钢表面不应有裂缝、折叠、结疤、分层和夹杂。

2）型钢表面允许有局部发纹、凹坑、麻点、刮痕和氧化铁皮压入等缺陷存在，但不应超出型钢尺寸允许偏差。

3）型钢表面缺陷允许清除，清除处应圆滑无棱角，但不应进行横向清除。清除宽度不应小于清除深度的五倍，清除后的型钢尺寸不应超出尺寸的允许偏差。

4）型钢不应有大于 5mm 的毛刺。

## 十、结构用钢管

### 1. 实际案例展示

### 2. 分类及牌号

结构用钢管有热轧无缝钢管和焊接钢管两大类，焊接钢管由钢带卷焊而成，依据管径大小，又分为直缝焊和螺旋焊两种。

按照国家标准《结构用无缝钢管》（GB/T 8162—2008）规定，结构用无缝钢管分热轧和冷拔两种，冷拔管只限于小管径，热轧无缝钢管外径为 32～630mm，壁厚为 2.5～75mm。所用钢号主要为优质碳素结构钢（牌号通常为 10、20、35、45）和低合金高强度结构钢（牌号通常为 Q345）。建筑钢结构应用的无缝钢管以 20 号钢（相当于 Q235）为主，管径一般在 89mm 以上，通常长度为 3～12m。

直缝电焊钢管的外径为 32～152mm，壁厚为 2.0～5.5mm。现行国家标准为《直缝电焊钢管》（GB/T 13793—2008）。

在钢网架结构中经常采用《低压流体输送用焊接钢管》（GB/T 3091—2008）标准的钢管，选用钢的牌号有 Q195、Q215A 和 Q235A。

### 3. 尺寸、外形和重量

（1）外径和壁厚　钢管的外径（$D$）和壁厚（$S$）应符合《直缝电焊钢管》（GB/T 17395—2008）的规定。

根据需方要求，经供需双方协商，可供应其他外径和壁厚的钢管。

（2）外径和壁厚的允许偏差

1）钢管的外径允许偏差应符合表 1-61 的规定。

**表 1-61　钢管的外径允许偏差**　　　　　　（单位：mm）

| 钢 管 种 类 | 允 许 偏 差 |
| --- | --- |
| 热轧（挤压、扩）钢管 | ±1%$D$ 或 ±0.50，取其中较大者 |
| 冷拔（轧）钢管 | ±1%$D$ 或 ±0.30，取其中较大者 |

2）热轧（挤压、扩）钢管壁厚允许偏差应符合表 1-62 的规定。

**表 1-62　热轧（挤压、扩）钢管壁厚允许偏差**　　　　　　（单位：mm）

| 钢 管 种 类 | 钢管公称外径 | $S/D$ | 允 许 偏 差 |
| --- | --- | --- | --- |
| 热轧（挤压）钢管 | ≤102 | — | ±12.5%$S$ 或 ±0.40，取其中较大者 |
| | >102 | ≤0.05 | ±15%$S$ 或 ±0.40，取其中较大者 |
| | | >0.05～0.10 | ±12.5%$S$ 或 ±0.40，取其中较大者 |
| | | >0.10 | +12.5%$S$<br>−10%$S$ |
| 热扩钢管 | — | | ±15%$S$ |

3）冷拔（轧）钢管的壁厚允许偏差应符合表 1-63 的规定。

**表 1-63　冷拔（轧）钢管的壁厚允许偏差**　　　　　　（单位：mm）

| 钢 管 种 类 | 钢管公称壁厚 | 允 许 偏 差 |
| --- | --- | --- |
| 冷拔（轧） | ≤3 | +15%$S$<br>−10%$S$ 或 ±0.15，取其中较大者 |
| | >3 | +12.5%$S$<br>−10%$S$ |

4）根据需方要求，经供需双方协商，并在合同中注明，可生产表 1-61、表 1-62、表 1-63 规定的以外尺寸允许偏差的钢管。

（3）长度

1）通常长度。钢管通常长度为 3000 ~ 12500mm。

2）范围长度。根据需方要求，经供需双方协定，并在合同中注明，钢管可按范围长度交货。范围长度应在通常长度范围内。

3）定尺和倍尺长度。

① 根据需方要求，经供需双方协商，并在合同中注明，钢管可按定尺长度或倍尺长度交货。

② 钢管的定尺长度应在通常范围内，其定尺长度允许偏差应符合如下规定：

A. 定尺长度不大于 6000mm，允许偏差为 0 ~ 10mm。

B. 定尺长度大于 6000mm，允许偏差为 0 ~ 15mm。

③ 钢管的倍尺总长度应在通常长度范围内，全长允许偏差为：0 ~ 20mm，每个倍尺长度按下述规定留出切口余量：

A. 外径不大于 159mm，切口余量为 5 ~ 10mm。

B. 外径大于 159mm，切口余量为 10 ~ 15mm。

（4）弯曲度

1）钢管的每米弯曲度应符合表 1-64 的规定。

表 1-64　钢管的每米弯曲度

| 钢管公称壁厚/mm | 每米弯曲度/（mm/m） |
| --- | --- |
| ≤15 | ≤1.5 |
| >15 ~ 30 | ≤2.0 |
| >30 或 $D \geqslant 351$ | ≤3.0 |

2）钢管的全长弯曲度应不大于钢管总长度的 1.5‰。

（5）圆度和壁厚不均　根据需方要求，经供需双方协商，并在合同中注明，钢管的圆度和壁厚不均应分别不超过外径和壁厚公差的 80%。

（6）端头外形

1）公称外径不大于 60mm 的钢管，管端切斜应不超过 1.5mm；公称外径大于 60mm 的钢管，管端切斜应不超过钢管公称外径的 2.5%，但最大应不超过 6mm。钢管的切斜如图 1-7 所示。

2）钢管的端头切口毛刺应予清除。

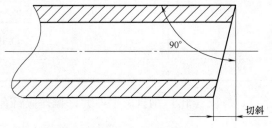

图 1-7　钢管的切斜

（7）重量

1）钢管按实际重量交货，也可按理论重量交货。钢管的理论重量的计算按《直缝电焊钢管》（GB/T 17395—2008）的规定，钢的密度取 $7.85 \text{kg/cm}^3$。

2）根据需方要求，经供需双方协商，并在合同中注明，交货钢管的理论重量与实际重量的偏差应符合如下规定：

① 单支钢管：理论重量与实际重量的偏差为 ±10%。

② 每批最小为 10t 的钢管：理论重量与实际重量的偏差为 ±7.5%。

## 4. 技术要求

（1）钢的牌号和化学成分

1）优质碳素结构钢的牌号和化学成分（熔炼分析）应符合《优质碳素结构钢》（GB/T 699—1999）中 10、15、20、25、35、45、20Mn、25Mn 的规定。

低合金高强度结构钢的牌号和化学成分（熔炼分析）应符合《低合金高强度结构钢》（GB/T 1591—2008）的规定，其中质量等级为 A、B、C 级钢的磷、硫含量均应不大于 0.030%。

合金结构钢的牌号和化学成分（熔炼分析）应符合《合金结构钢》（GB/T 3077—1999）的规定。

牌号为 Q235、Q275 钢的化学成分（熔炼分析）应符合表 1-65 的规定。

**表 1-65 Q235、Q275 钢的化学成分**（熔炼分析）

| 牌号 | 质量等级 | 化学成分(质量分数)[①]（%） | | | | | |
|---|---|---|---|---|---|---|---|
| | | C | Si | Mn | P | S | Alt(全铝)[②] |
| | | | | | 不大于 | | |
| Q235 | A | ≤0.22 | ≤0.35 | ≤1.40 | 0.030 | 0.030 | — |
| | B | ≤0.20 | | | | | — |
| | C | ≤0.17 | | | 0.030 | 0.030 | — |
| | D | | | | 0.025 | 0.025 | ≥0.020 |
| Q275 | A | ≤0.24 | ≤0.35 | ≤1.50 | 0.030 | 0.030 | — |
| | B | ≤0.21 | | | | | — |
| | C | ≤0.20 | | | 0.030 | 0.030 | — |
| | D | | | | 0.025 | 0.025 | ≥0.020 |

① 残余元素 Cr、Ni 的含量应各不大于 0.30%，Cu 的含量应不大于 0.20%。
② 当分析 Als（酸溶铝）时，Als≥0.015%。

2）根据需方要求，经供需双方协商，可生产其他牌号的钢管。

3）当需方要求做成品分析时，应在合同中注明，成品钢管的化学成分允许偏差应符合《钢的成品化学成分允许偏差》（GB/T 222—2006）的规定。

（2）交货状态

1）热轧（挤压、扩）钢管应以热轧状态或热处理状态交货。要求热处理状态时，应在合同中注明。

2）冷拔（轧）钢管应以热处理状态交货。根据需方要求，经供需双方协商，并在合同中注明，冷拔（轧）钢管也可以冷拔（轧）状态交货。

（3）力学性能

1）拉伸性能。

① 优质碳素结构钢、低合金高强度结构钢牌号为 Q235、Q275 的钢管，其交货状态的拉伸性能应符合表 1-66 的规定。

表 1-66　优质碳素结构钢、低合金高强度结构钢牌号为 Q235、Q275 的钢管的力学性能

| 牌号 | 质量等级 | 抗拉强度 $R_m$/MPa | 下屈服强度 $R_{eL}$[①]/MPa | | | 断后伸长率 $A$(%) | 冲击试验 | |
|---|---|---|---|---|---|---|---|---|
| | | | 壁厚/mm | | | | 温度/℃ | 吸收能量 $KV_1$/J |
| | | | ≤16 | >16~30 | >30 | | | |
| | | | 不小于 | | | | | 不小于 |
| 10 | — | ≥335 | 205 | 195 | 185 | 24 | — | — |
| 15 | — | ≥375 | 225 | 215 | 205 | 22 | — | — |
| 20 | — | ≥410 | 245 | 235 | 225 | 20 | — | — |
| 25 | — | ≥450 | 275 | 265 | 255 | 18 | — | — |
| 35 | — | ≥510 | 305 | 295 | 285 | 17 | — | — |
| 45 | — | ≥590 | 335 | 325 | 315 | 14 | — | — |
| 20Mn | — | ≥450 | 275 | 265 | 255 | 20 | — | — |
| 25Mn | — | ≥490 | 295 | 285 | 275 | 18 | — | — |
| Q235 | A | 375~500 | 235 | 225 | 215 | 25 | — | — |
| | B | | | | | | +20 | 27 |
| | C | | | | | | 0 | |
| | D | | | | | | −20 | |
| Q275 | A | 415~540 | 275 | 265 | 255 | 22 | — | — |
| | B | | | | | | +20 | 27 |
| | C | | | | | | 0 | |
| | D | | | | | | −20 | |
| Q295 | A | 390~570 | 295 | 275 | 255 | 22 | — | — |
| | B | | | | | | +20 | 34 |
| Q345 | A | 470~630 | 345 | 325 | 295 | 20 | — | — |
| | B | | | | | | +20 | 34 |
| | C | | | | | | 0 | |
| | D | | | | | 21 | −20 | |
| | E | | | | | | −40 | 27 |
| Q390 | A | 490~650 | 390 | 370 | 350 | 18 | — | — |
| | B | | | | | | +20 | 34 |
| | C | | | | | | 0 | |
| | D | | | | | 19 | −20 | |
| | E | | | | | | −40 | 27 |
| Q420 | A | 520~680 | 420 | 400 | 380 | 18 | — | — |
| | B | | | | | | +20 | 34 |
| | C | | | | | | 0 | |
| | D | | | | | 19 | −20 | |
| | E | | | | | | −40 | 27 |

（续）

| 牌号 | 质量等级 | 抗拉强度 $R_m$/MPa | 下屈服强度 $R_{eL}$[①]/MPa | | | 断后伸长率 $A$(%) | 冲击试验 | |
|---|---|---|---|---|---|---|---|---|
| | | | 壁厚/mm | | | | 温度/℃ | 吸收能量 $KV_1$/J |
| | | | ≤16 | >16~30 | >30 | | | |
| | | | 不小于 | | | | | 不小于 |
| Q460 | C | 550~720 | 460 | 440 | 420 | 17 | 0 | 34 |
| | D | | | | | | −20 | |
| | E | | | | | | −40 | 27 |

① 拉伸试验时，如不能测定屈服强度，可测定规定非比例延伸强度 $R_{p0.2}$ 代替 $R_{eL}$。

② 合金结构钢钢管试样毛坯按表1-67推荐热处理制度进行热处理后制成试样测出的纵向拉伸性能应符合表1-67的规定。

表1-67　合金结构钢钢管的纵向拉伸性能

| 序号 | 牌　　号 | 推荐的热处理制度[①] | | | | | 拉伸性能 | | | 钢管退火或高温回火交货状态布氏硬度 HBW |
|---|---|---|---|---|---|---|---|---|---|---|
| | | 淬火（正火） | | | 回火 | | 抗拉强度 $R_m$/MPa | 下屈服强度 $R_{eL}$[①]/MPa | 断后伸长率 $A$(%) | |
| | | 温度/℃ | | 冷却剂 | 温度/℃ | 冷却剂 | | | | |
| | | 第一次 | 第二次 | | | | 不小于 | | | 不大于 |
| 1 | 40Mn2 | 840 | — | 水、油 | 540 | 水、油 | 885 | 735 | 12 | 217 |
| 2 | 45Mn2 | 840 | — | 水、油 | 550 | 水、油 | 885 | 735 | 10 | 217 |
| 3 | 27SiMn | 920 | — | 水 | 450 | 水、油 | 980 | 835 | 12 | 217 |
| 4 | 40MnB[②] | 850 | — | 油 | 500 | 水、油 | 980 | 785 | 10 | 207 |
| 5 | 45MnB[②] | 840 | — | 油 | 500 | 水、油 | 1030 | 835 | 9 | 217 |
| 6 | 20Mn2B[②,⑤] | 880 | — | 油 | 200 | 水、空 | 980 | 785 | 10 | 187 |
| 7 | 20Cr[②,⑤] | 880 | 800 | 水、油 | 200 | 水、空 | 835 | 540 | 10 | 179 |
| | | | | | | | 785 | 490 | 10 | 179 |
| 8 | 30Cr | 860 | — | 油 | 500 | 水、油 | 885 | 685 | 11 | 187 |
| 9 | 35Cr | 860 | — | 油 | 500 | 水、油 | 930 | 735 | 11 | 207 |
| 10 | 40Cr | 850 | — | 油 | 520 | 水、油 | 980 | 785 | 9 | 207 |
| 11 | 45Cr | 840 | — | 油 | 520 | 水、油 | 1030 | 835 | 9 | 217 |
| 12 | 50Cr | 830 | — | 油 | 520 | 水、油 | 1080 | 930 | 9 | 229 |
| 13 | 38CrSi | 900 | — | 油 | 600 | 水、油 | 980 | 835 | 12 | 255 |
| 14 | 12CrMo | 900 | — | 空 | 650 | 空 | 410 | 265 | 24 | 179 |
| 15 | 15CrMo | 900 | — | 空 | 650 | 空 | 440 | 295 | 22 | 179 |
| 16 | 20CrMo[③,⑤] | 880 | — | 水、油 | 500 | 水、油 | 885 | 685 | 11 | 197 |
| | | | | | | | 845 | 635 | 12 | 197 |
| 17 | 35CrMo | 850 | — | 油 | 550 | 水、油 | 980 | 835 | 12 | 229 |

（续）

| 序号 | 牌　号 | 推荐的热处理制度[1] | | | | | 拉伸性能 | | | 钢管退火或高温回火交货状态布氏硬度 HBW |
|---|---|---|---|---|---|---|---|---|---|---|
| | | 淬火（正火） | | | 回火 | | 抗拉强度 $R_m$/MPa | 下屈服强度[1] $R_{eL}$/MPa | 断后伸长率 $A$(%) | |
| | | 温度/℃ | | 冷却剂 | 温度/℃ | 冷却剂 | | | | |
| | | 第一次 | 第二次 | | | | 不小于 | | | 不大于 |
| 18 | 42CrMo | 850 | — | 油 | 560 | 水、油 | 1080 | 930 | 12 | 217 |
| 19 | 12CrMoV | 970 | — | 空 | 750 | 空 | 440 | 225 | 22 | 241 |
| 20 | 12Cr1MoV | 970 | — | 空 | 750 | 空 | 490 | 245 | 22 | 179 |
| 21 | 38CrMoAl[3] | 940 | — | 水、油 | 640 | 水、油 | 980 | 835 | 12 | 229 |
| | | | | | | | 930 | 785 | 14 | 229 |
| 22 | 50CrVA | 860 | — | 油 | 500 | 水、油 | 1275 | 1130 | 10 | 255 |
| 23 | 20CrMn | 850 | — | 油 | 200 | 水、空 | 930 | 735 | 10 | 187 |
| 24 | 20CrMnSi[5] | 850 | — | 油 | 480 | 水、油 | 785 | 635 | 12 | 207 |
| 25 | 30CrMnSi[3]、[5] | 880 | — | 油 | 520 | 水、油 | 1080 | 885 | 8 | 229 |
| | | | | | | | 980 | 835 | 10 | 229 |
| 26 | 35CrMnSiA[5] | 880 | — | 油 | 230 | 水、空 | 1620 | — | 9 | 229 |
| 27 | 20CrMnTi[4]、[5] | 880 | 870 | 油 | 200 | 水、空 | 1080 | 835 | 10 | 217 |
| 28 | 30CrMnTi[4]、[5] | 880 | 850 | 油 | 200 | 水、空 | 1470 | — | 9 | 229 |
| 29 | 12CrNi2 | 860 | 780 | 水、油 | 200 | 水、空 | 785 | 590 | 12 | 207 |
| 30 | 12CrNi3 | 860 | 780 | 油 | 200 | 水、空 | 930 | 685 | 11 | 217 |
| 31 | 12Cr2Ni4 | 860 | 780 | 油 | 200 | 水、空 | 1080 | 835 | 10 | 269 |
| 32 | 40CrNiMoA | 850 | — | 油 | 600 | 水、油 | 980 | 835 | 12 | 269 |
| 33 | 45CrNiMoVA | 860 | — | 油 | 460 | 油 | 1470 | 1325 | 7 | 269 |

① 表中所列热处理温度允许调整范围：淬火 ±20℃，低温回火 ±30℃，高温回火 ±50℃。
② 含硼钢在淬火前可先正火，正火温度应不高于其淬火温度。
③ 按需方指定的一组数据交货；当需方未指定时，可按其中任一组数据交货。
④ 含铬锰钛钢第一次淬火可用正火代替。
⑤ 于 280～320℃ 等温淬火。
⑥ 拉伸试验时，如不能测定屈服强度，可测定规定非比例延伸强度 $R_{p0.2}$ 代替 $R_{eL}$。

③ 冷拔（轧）状态交货的钢管的力学性能由供需双方协商。

2）硬度试验。以退火或高温回火状态交货、切壁厚不大于 5mm 的合金结构钢钢管，其布氏硬度应符合表 1-67 的规定。

3）冲击试验。

① 低合金高强度结构钢和牌号为 Q235、Q275 的钢管，当外径不小于 70mm，且壁厚不小于 6.5mm 时，应进行冲击试验，其夏比 V 形缺口冲击试验的冲击吸收能量和试验温度应符合规定。冲击吸收能量按一组 3 个试样的算术平均值计算，允许其中一个试样的单个值低于规定值，氮应不低于规定值的 70%。

② 冲击吸收能量为标准尺寸试样夏比 V 形缺口冲击吸收能量要求值。当钢管尺寸不能

制备标准尺寸试样时，可制备小尺寸试样。当采用小尺寸冲击试样时，其最小夏比 V 形缺口冲击吸收能量要求值应为标准尺寸试样冲击吸收能量要求值乘以表 1-68 的递减系数。冲击试样尺寸应优先选择尽可能的较大尺寸。

表 1-68　小尺寸试样冲击吸收能量递减系数

| 试 样 规 格 | 试样尺寸(高度×宽度)/(mm×mm) | 递减系数 |
| --- | --- | --- |
| 标准试样 | 10×10 | 1.00 |
| 小试样 | 10×7.5 | 0.75 |
| 小试样 | 10×5 | 0.50 |

③ 根据需方要求，经供需双方协商，并在合同中注明，其他牌号、质量等级也可进行夏比 V 形缺口冲击试验，其试验温度、试验尺寸、冲击吸收能量有供需双方协商确定。

（4）工艺性能

1）压扁试验。由 10、15、20、25、20Mn、25Mn、Q235、Q275、Q295、Q345 钢制造，外径 >22～400mm，并且壁厚与外径比值不大于 10% 的钢管应进行压扁试验，钢管压扁后平板间距离应符合表 1-69 的规定。

表 1-69　钢管压扁后平板间距离

| 牌　　号 | 压扁试验平板间距(H)[①]/mm |
| --- | --- |
| 10、15、20、25、Q235 | 2/3D |
| Q275、Q295、Q345、20Mn、25Mn | 7/8D |

① 压扁试验的平板间距（H）最小值应是钢管壁厚的 5 倍。

压扁后，试样上不允许出现裂缝或裂口。

2）弯曲试验。根据需方要求，经供需双方协商，并在合同中注明，外径不大于 22mm 的钢管可做弯曲试验，弯曲角度为 90°，弯芯半径为钢管外径的 6 倍，弯曲后试样弯曲处不允许出现裂缝或裂口。

（5）表面质量　钢管的内外表面不允许有目视可见的裂纹、折叠、结疤、轧折和离层。这些缺陷应完全清除，清除深度应不超过公称壁厚的负偏差，清理处的实际壁厚应不小于壁厚偏差所允许的最小值。

不超过壁厚负偏差的其他局部缺欠允许存在。

（6）无损检验　根据需方要求，经供需双方协商，并在合同中注明，钢管可采用以下方法中的一种或多种方法进行无损检验，或其他方法进行无损检验。

1）按《无缝钢管超声波探伤检验方法》（GB/T 5777—2008）的规定进行超声波检验，人工缺陷尺寸：冷拔（轧）管为 L3（C10），热轧（挤压、扩）钢管为 L4（C12）。

2）按《钢管涡流探伤检验方法》（GB/T 7735—2004）的规定进行涡流检验，验收等级 A。

3）按《钢管漏磁探伤方法》（GB/T 12606—1999）的规定进行漏磁检验，验收等级 L4。

## 十一、常用钢材的有关标准

常用钢材的有关标准参见表 1-70。

**表 1-70　常用钢材的有关标准**

| 内　　容 | 标准名称及编号 |
|---|---|
| 钢种 | 《钢分类》（GB/T 13304—2008）<br>《碳素结构钢》（GB/T 700—2006）<br>《低合金高强度结构钢》（GB/T 1591—2008）<br>《优质碳素结构钢》（GB/T 699—1999）<br>《桥梁用结构钢》（GB/T 714—2008）<br>《高耐候结构钢》（GB/T 4171—2000）<br>《焊接结构用耐候钢》（GB/T 4172—2000）<br>《一般工程用铸造碳钢件》（GB/T 11352—2009） |
| 钢板和钢带 | 《碳素结构钢和低合金结构钢热轧厚钢板和钢带》（GB/T 3274—2007）<br>《热轧钢板和钢带的尺寸、外形、重量及允许偏差》（GB/T 709—2006）<br>《花纹钢板》（GB/T 3277—1991）<br>《厚度方向性能钢板》（GB/T 5313—2010）<br>《热轧钢板表面质量的一般要求》（GB/T 14977—2008） |
| 结构用无缝钢管 | 《结构用无缝钢管》（GB/T 8162—2008）<br>《直缝电焊钢管》（GB/T 13793—2008）<br>《低压流体输送用焊接钢管》（GB/T 3092—1993） |
| 普通型钢 | 《热轧 H 型钢和剖分 T 型钢》（GB/T 11263—2010）<br>《热轧型钢》（GB/T 706—2008） |
| 钢材表面锈蚀 | 《涂覆涂料前钢材表面处理　表面清洁度的目视评定》（GB/T 8923.2—2008） |
| 取样方法 | 《钢的化学分析用试样取样法及成品化学允许偏差》（GB/T 222—2006）<br>《钢及钢产品力学性能试验取样位置及试样制备》（GB/T 2975—1998） |

# 第二节　焊 接 材 料

# 一、焊条

## 1. 实际案例展示

## 2. 型号分类

1）焊条型号根据熔敷金属的力学性能、药皮类型、焊接位置和焊接电流种类划分（见表1-71）。

2）焊条型号编制方法如下：字母"E"表示焊条；前两位数字表示熔敷金属抗拉强度的最小值；第三位数字表示焊条的焊接位置，"0"及"1"表示焊条适用于全位置焊接（平、立、仰、横），"2"表示焊条适用于平焊及平角焊，"4"表示焊条适用于向下立焊；第三位和第四位数字组合时表示焊接电流种类及药皮类型。在第四位数字后附加"R"表示耐吸潮焊条；附加"M"表示耐吸潮和力学性能有特殊规定的焊条；附加"-1"表示冲击性能有特殊规定的焊条。

表 1-71　焊条型号划分

| 焊条型号 | 药皮类型 | 焊接位置 | 电流种类 |
|---|---|---|---|
| E43 系列—熔敷金属抗拉强度≥420MPa(43kgf/mm²) | | | |
| E4300 | 特殊型 | 平、立、仰、横 | 交流或直流正、反接 |
| E4301 | 钛铁矿型 | | |
| E4303 | 钛钙型 | | |
| E4310 | 高纤维素钠型 | | 直流反接 |
| E4311 | 高纤维素钾型 | | 交流或直流反接 |
| E4312 | 高钛钠型 | | 交流或直流正接 |
| E4313 | 高钛钾型 | | 交流或直流正、反接 |
| E4315 | 低氢钠型 | | 直流反接 |
| E4316 | 低氢钾型 | | 交流或直流反接 |
| E4320 | 氧化铁型 | 平 | 交流或直流正、反接 |
| | | 平角焊 | 交流或直流正接 |
| E4322 | | 平 | 交流或直流正接 |
| E4323 | 铁粉钛钙型 | 平、平角焊 | 交流或直流正、反接 |
| E4324 | 铁粉钛型 | | |
| E4327 | 铁粉氧化型 | 平 | 交流或直流正、反接 |
| | | 平角焊 | 交流或直流正接 |
| E4328 | 铁粉低氢型 | 平、平角焊 | 交流或直流反接 |
| E50 系列—熔敷金属抗拉强度≥490MPa(50kgf/mm²) | | | |
| E5001 | 钛铁矿型 | 平、立、仰、横 | 交流或直流正、反接 |
| E5003 | 钛钙型 | | |
| E5010 | 高纤维素钠型 | | 直流反接 |
| E5011 | 高纤维素钾型 | | 交流或直流反接 |
| E5014 | 铁粉钛型 | | 交流或直流正、反接 |
| E5015 | 低氢钠型 | | 直流反接 |
| E5016 | 低氢钾型 | | 交流或直流反接 |
| E5018 | 铁粉低氢钾型 | | |
| E5018M | 铁粉低氢型 | | 直流反接 |

（续）

| 焊条型号 | 药皮类型 | 焊接位置 | 电流种类 |
|---|---|---|---|
| E5023 | 铁粉钛钙型 | 平、平角焊 | 交流或直流正、反接 |
| E5024 | 铁粉钛型 | | 交流或直流正、反接 |
| E5027 | 铁粉氧化铁型 | | 交流或直流正接 |
| E5028 | 铁粉低氢型 | 平、仰、横、立向下 | 交流或直流反接 |
| E5048 | | | |

注：1. 焊接位置栏中文字含义：平—平焊、立—立焊、仰—仰焊、横—横焊、平角焊—水平角焊、立向下—向下立焊。
　　2. 焊接位置栏中立和仰是指适用于立焊和仰焊的直径不大于 4.0mm 的 E5014、EXX15、EXX16、E5018 和 E5018M 型焊条及直径不大于 5.0mm 的其他型号焊条。
　　3. E4322 型焊条适宜单道焊。

3）除了 E5018M 型焊条可以列入 E5018 型焊条外（同时符合这两种型号焊条的所有要求），凡列入一种型号的焊条不能再列入其他型号。

4）完整的焊条型号举例如下：

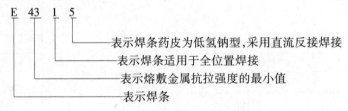

## 3. 技术要求

（1）尺寸

1）焊条尺寸应符合表 1-72 规定。

表 1-72　焊条尺寸　　　　　　　　　　（单位：mm）

| 焊条直径 | | 焊条长度 | |
|---|---|---|---|
| 基本尺寸 | 极限偏差 | 基本尺寸 | 极限偏差 |
| 1.6 | | 200～250 | |
| 2.0 | | 250～350 | |
| 2.5 | | | |
| 3.2 | | | |
| 4.0 | ±0.05 | 350～450 | ±2.0 |
| 5.0 | | | |
| 5.6 | | | |
| 6.0 | | 450～700 | |
| 6.4 | | | |
| 8.0 | | | |

① 允许制造直径 2.4mm 或 2.6mm 焊条代替 2.5mm 焊条，直径 3.0mm 焊条代替 3.2mm 焊条，直径 4.8mm 焊条代替 5.0mm 焊条，直径 5.8mm 焊条代替 6.0mm 焊条。
② 根据需方要求，允许通过协议供应其他尺寸的焊条。

2）焊条夹持端长度应符合表 1-73 规定。

**表 1-73　焊条夹持端长度**　　　　　　（单位：mm）

| 焊条直径 | 夹持端长度 | 焊条直径 | 夹持端长度 |
|---|---|---|---|
| ≤4.0 | 10～30 | ≥5.0 | 15～35 |

注：用于重力焊的焊条，夹持端长度不得小于 25mm。

（2）药皮

1）焊芯和药皮不应有任何影响焊条质量的缺陷。

2）焊条引弧端药皮应倒角，焊芯端面应露出，以保证易于引弧。焊条露芯符合如下规定：

① 低氢型焊条，沿长度方向的露芯长度不应大于焊芯直径的二分之一或 1.6mm 两者的较小值。

② 其他型号焊条，沿长度方向的露芯长度不应大于焊芯直径的三分之二或 2.4mm 两者的较小值。

③ 各种直径焊条沿圆周方向的露芯不应大于圆周的一半。

3）焊条偏心度应符合如下规定：

① 直径不大于 2.5mm 焊条，偏心度不应大于 7%。

② 直径为 3.2mm 和 4.0mm 焊条，偏心度不应大于 5%。

③ 直径不大于 5.0mm 焊条，偏心度不应大于 4%。

偏心度计算方法如下：

$$焊条偏心度 = \frac{T_1 - T_2}{(T_1 + T_2)/2} \times 100\% \qquad (1-3)$$

式中　$T_1$——焊条断面药皮层最大厚度 + 焊芯直径；

　　　$T_2$——同一断面药皮层最小厚度 + 焊芯直径。

（3）T 形接头角焊缝

1）角焊缝表面经肉眼检查应无裂纹、焊瘤、夹渣及表面气孔，允许有个别短而且深度小于 1mm 的咬边。

2）角焊缝的焊脚尺寸应符合表 1-74 规定。凸形角焊缝的凸度及角焊缝的两焊脚长度之差应符合表 1-75 规定。

**表 1-74　角焊缝的焊脚尺寸**　　　　　　（单位：mm）

| 焊条型号 | 焊条直径 | 试板尺寸 | | 焊接位置 | 焊脚尺寸 |
|---|---|---|---|---|---|
| | | 板厚 T | 板长 L（不小于） | | |
| E4300<br>EXX01<br>EXX03<br>E4312<br>E4313 | 1.6、2.0 | 4.0 | 150 | 立、仰 | ≤3.2 |
| | 2.5 | | 250 | | |
| | 3.2 | 5.0 | 300 | | ≤4.8 |
| | 4.0 | 10.0 | | | ≤6.4 |
| | 5.0 | | | | ≤9.5 |
| | 5.6 | 12.0 | 300、400 | 平 | ≥6.4 |
| | 6.0 | | | | |
| | 6.4、8.0 | | 400 | | ≥8.0 |

（续）

| 焊条型号 | 焊条直径 | 试板尺寸 | | 焊接位置 | 焊脚尺寸 |
|---|---|---|---|---|---|
| | | 板厚 $T$ | 板长 $L$(不小于) | | |
| EXX10<br>EXX11 | 2.5 | 4.0 | 250 | 立、仰 | ≤4.0 |
| | 3.2 | 5.0 | 300 | | ≤4.8 |
| | 4.0 | 10.0 | | | ≤6.4 |
| | 5.0 | | | | ≤8.0 |
| | 5.6、6.0、6.4、8.0 | 12.0 | 400 | 平 | ≥6.4 |
| E5014 | 2.5 | 4.0 | 300 | 立、仰 | ≤4.0 |
| | 3.2 | 5.0 | | | ≤4.8 |
| | 4.0 | 10.0 | | | ≤8.0 |
| | 5.0 | | | 平 | |
| | 5.6、6.0 | | 300、400 | | ≥6.4 |
| | 6.4、8.0 | 16.0 | 400 | | ≥8.0 |
| EXX15<br>EXX16 | 2.5 | 4.0 | 250 | 立、仰 | ≤4.0 |
| | 3.2 | 6.0 | 300 | | ≤4.8 |
| | 4.0 | 10.0 | | | ≤8.0 |
| | 5.0 | | | 平 | ≥4.0 |
| | 5.6、6.0 | 12.0 | 300、400 | | ≥4.8 |
| | 6.4、8.0 | | 400 | | ≥8.0 |
| E5018 | 2.5 | 4.0 | 250、300 | 立、仰 | ≤4.0 |
| | 3.2 | 6.0 | 300 | | ≤4.8 |
| | 4.0 | 10.0 | | | ≤8.0 |
| | 5.0 | | | | ≥6.4 |
| | 5.6、6.0 | 12.0 | 300、400 | | |
| | 6.4、8.0 | | 400 | | ≥8.0 |
| E4320 | 3.2 | 6.0 | 300 | 平 | ≥3.2 |
| | 4.0 | 10.0 | | | ≥4.0 |
| | 5.0 | | 300、400 | | ≥4.8 |
| | 5.6、6.0 | 12.0 | 400 | | ≥6.4 |
| | 6.4、8.0 | | | | ≥8.0 |
| EXX23<br>EXX24<br>EXX27<br>EXX28 | 2.5 | 6.0 | 250 | | ≥4.0 |
| | 3.2 | | 300 | | ≥4.8 |
| | 4.0 | 10.0 | | | |
| | 5.0 | | 300、400 | | ≥6.4 |
| | 5.6、6.0 | 12.0 | 400、650 | | |
| | 6.4、8.0 | | | | ≥8.0 |
| E5048 | 3.2 | 6.0 | 300 | 立向下、仰 | ≤6.4 |
| | 4.0 | 10.0 | | | ≤8.0 |
| | 5.0 | | 300、400 | 平、立向下 | ≥6.4 |

注：焊条型号中的"XX"代表"43或50"。

表 1-75 凸形角焊缝的凸度及角焊缝的两焊脚长度之差 （单位：mm）

| 焊脚尺寸 | 凸度(不大于) | 两焊脚之差(不大于) |
|---|---|---|
| ≤3.2 | 1.2 | 0.8 |
| ≤4.0 | | 1.2 |
| ≤4.8 | 1.6 | 1.6 |
| ≤5.6 | | 2.0 |
| ≤6.4 | | 2.4 |
| ≤7.1 | | 2.8 |
| ≤8.0 | 2.0 | 3.2 |
| ≤8.7 | | 3.6 |
| ≤9.5 | | 4.0 |

3）角焊缝的两纵向断裂表面经肉眼检查应无裂纹。焊缝根部未熔合的总长度应不大于焊缝总长度的 20%。对于 E4312、E4313 和 E5014 型焊条施焊的角焊缝，当未熔合的深度不大于最小焊脚的 25% 时，允许连续存在；对于其他型号焊条施焊的角焊缝，当未熔合的深度不大于最小焊脚的 25% 时，连续未熔合的长度不应大于 25mm。角焊缝试验不检验内部气孔。

（4）熔敷金属化学成分 熔敷金属化学成分应符合表 1-76 规定。

表 1-76 熔敷金属化学成分 （单位:%）

| 焊条型号 | C | Mn | Si | S | P | Ni | Cr | Mo | V | MnNiCrMoV 总量 |
|---|---|---|---|---|---|---|---|---|---|---|
| E4300,E4301,<br>E4303,34310,<br>E4311,E4312,<br>E4313,E4320,<br>E4322,E4323,<br>E4324,E4327,<br>E5001,E5003,<br>E5010,E5011 | | — | | 0.035 | 0.040 | | | | | |
| E5015,E5016,<br>E5018,E5027 | — | 1.60 | 0.75 | | | | | | | 1.75 |
| E4315,E4316,<br>E4328,E5014,<br>E5023,E5024 | — | 1.25 | 0.90 | | | 0.30 | 0.20 | 0.30 | 0.08 | 1.50 |
| E5028,E5048 | — | 1.60 | | | | | | | | 1.75 |
| E5018M | 0.12 | 0.40~<br>1.60 | 0.80 | 0.020 | 0.030 | 0.25 | 0.15 | 0.35 | 0.05 | — |

注：表中单值均为最大值。

（5）力学性能

1）熔敷金属拉伸试验及 E4332 型焊条焊缝横向拉伸试验结果应符合表 1-77 规定。

2）焊缝金属夏比 V 形缺口冲击试验结果应符合表 1-78 规定。

3）E4322 型焊条焊缝金属纵向弯曲试样经弯曲后，在焊缝上不应有大于 3.2mm 的裂纹。

（6）焊缝射线探伤　焊缝金属探伤应符合表 1-79 规定。

**表 1-77　熔敷金属拉伸试验及 E4332 型焊条焊缝横向拉伸试验结果**

| 焊条型号 | 抗拉强度 $\sigma_b$ | | 屈服点 $\sigma_s$ | | 伸长率 $\delta_5$ |
|---|---|---|---|---|---|
| | MPa | （kgf/mm²） | MPa | （kfg/mm²） | % |
| E43 系列 | | | | | |
| E4300,E4301,E4303, E4310,E4311,E4315, E4316,E4320,E4323, E4327,E4328 | 420 | （43） | 330 | （34） | 22 |
| E4312,E4313,E4324 | | | | | 17 |
| E4322 | | | 不要求 | | |
| E50 系列 | | | | | |
| E5001,E5003,E5010, E5011 | 490 | （50） | 400 | （41） | 20 |
| E5015,E5016,E5018, E5027,E5028,E5048 | | | | | 22 |
| E5014,E5023,E5024 | | | | | 17 |
| E5018m | | | 365~500 | （37~51） | 24 |

注：1. 表中的单值均为最小值。

2. E5024—1 型焊条的伸长率最低值为 22%。

3. E5018M 型焊条熔敷金属抗拉强度名义上是 490MPa（50kgf/mm²），直径为 2.5mm 焊条的屈服点不大于 530MPa（50kgf/mm²）。

**表 1-78　焊缝金属夏比 V 形缺口冲击试验结果**

| 焊条型号 | 夏比 V 形缺口冲击吸收功/J（不小于） | 试验温度/℃ |
|---|---|---|
| | 5 个试样中 3 个值的平均值 | |
| EXX10,EXX11,EXX15,EXX16, EXX18,EXX27,E5048 | 27 | −30 |
| EXX01,EXX28,E5024—1 | | −20 |
| E4300,EXX03,EXX23 | | 0 |
| E5015—1 E5016—1 E5018—1 | 27 | −46 |
| | 5 个试样的平均值 | |
| E5018M | 67 | −30 |
| E4312,E4313,E4320, E4322,E5014,EXX24 | — | |

注：1. 在计算 5 个试样中 3 值的平均值时，5 个中的最大值和最小值应舍去，余下的 3 个值要有两个值不小于 27J，另一个值不小于 20J。

2. 用 5 个试样的值计算平均值，这 5 个值中要有 4 个值不大于 67J，另一值不小于 54J。

表 1-79　焊缝金属探伤

| 焊 条 型 号 | 焊缝金属射线探伤底片要求 |
|---|---|
| EXX01，EXX15，EXX16，E5018，E5018M，E4320，E5048 | Ⅰ级 |
| E4300，EXX03，EXX10，EXX11，E4313，E5014，EXX23，EXX24，EXX27，EXX28 | Ⅱ级 |
| E4312，E4322 | — |

（7）药皮含水量、熔敷金属扩散氢含量　低氢型焊条药含水量和熔敷金属中扩散氢含量应符合表 1-80 规定。除 E5018M 型焊条外，其他低氢型焊条制造厂可向用户提供焊条药皮含水量或熔敷金属中扩散氢含量的任一种检验结果，如有争议应以焊条药皮含水量结果为准。E5018M 型焊条制造厂必须向用户提供药皮含水量和熔敷金属中扩散氢含量检验结果。

表 1-80　低氢型焊条药含水量和熔敷金属中扩散氢含量

| 焊 条 型 号 | 药皮含水量（%）（不大于） | | 熔敷金属扩散氢含量/（mL/100g）（不大于） | |
|---|---|---|---|---|
| | 正常状态 | 吸潮状态 | 甘油法 | 色谱法或水银法 |
| EXX15，EXX15-1，EXX16，EXX16-1，E5018，E5018-1，EXX28，E5048 | 0.60 | — | 8.0 | 12.0 |
| EXX15R，EXX15-1R，EXX16R，EXX16-1R，E5018，E5018-1R，EXX28R，E5048R | 0.30 | 0.40 | 6.0 | 10.0 |
| E5018M | 0.10 | 0.40 | — | 4.0 |

# 二、埋弧焊用焊丝和焊剂

## 1. 实际案例展示

## 2. 型号分类

在埋弧焊过程中，焊丝和焊剂直接参与焊接过程中的冶金反应，因而它们的化学成分、物理性能直接影响埋弧焊过程的稳定性及焊接接头性能和质量。

型号分类根据焊丝—焊剂组合的熔敷金属力学性能、热处理状态进行划分。

根据《埋弧焊用碳钢焊丝和焊剂》（GB/T 5293—1999），焊丝—焊剂组合的型号编制方法如下：字母"F"表示焊剂；第一位数字表示焊丝—焊剂组合的熔敷金属抗拉强度的最小值；第二位字母表示试件的热处理状态，"A"表示焊态，"P"表示焊后热处理状态；第三位数字表示熔敷金属冲击吸收功不小于27J时的最低试验温度；"—"后面表示焊丝的牌号。

焊丝的牌号：根据《熔化焊用钢丝》（GB/T 14957—1994），焊丝牌号的第一个字母"H"表示焊丝，字母后面的两位数字表示焊丝中平均碳含量，如含有其他化学成分，在数字的后面用元素符号表示；牌号最后的字母表示硫、磷杂质含量的等级，"A"表示优质品，"E"表示高级优质品。

完整的焊丝—焊剂型号示例如下：

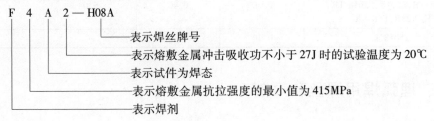

```
F   4   A   2 — H08A
                    └─ 表示焊丝牌号
                └───── 表示熔敷金属冲击吸收功不小于27J时的试验温度为20℃
            └───────── 表示试件为焊态
        └───────────── 表示熔敷金属抗拉强度的最小值为415MPa
    └───────────────── 表示焊剂
```

## 3. 技术要求

（1）焊丝

1）焊丝的化学成分应符合表1-81的规定。

**表1-81　焊丝的化学成分**　　　　　　　　　　　　（单位:%）

| 焊丝牌号 | C | Mn | Si | Cr | Ni | Cu | S | P |
|---|---|---|---|---|---|---|---|---|
| 低锰焊丝 | | | | | | | | |
| H08A | ≤0.10 | 0.30~0.60 | ≤0.03 | ≤0.20 | ≤0.30 | ≤0.20 | ≤0.030 | ≤0.030 |
| H08E | | | | | | | ≤0.020 | ≤0.020 |
| H08C | | | | ≤0.10 | ≤0.10 | | ≤0.015 | ≤0.015 |
| H15A | 0.11~0.18 | 0.35~0.65 | | ≤0.20 | ≤0.30 | | ≤0.030 | ≤0.030 |
| 中锰焊丝 | | | | | | | | |
| H08MnA | ≤0.10 | 0.80~1.10 | ≤0.07 | ≤0.20 | ≤0.30 | ≤0.20 | ≤0.030 | ≤0.030 |
| H15Mn | 0.11~0.18 | | ≤0.03 | | | | ≤0.035 | ≤0.035 |
| 高锰焊丝 | | | | | | | | |
| H10Mn2 | ≤0.12 | 1.50~1.90 | ≤0.07 | ≤0.20 | ≤0.30 | ≤0.20 | ≤0.035 | ≤0.035 |
| H08Mn2Si | ≤0.11 | 1.70~2.10 | 0.65~0.95 | | | | | |
| H08Mn2SiA | | 1.80~2.10 | | | | | ≤0.030 | ≤0.030 |

注：1. 如存在其他元素，则这些元素的总量不得超过0.5%。

2. 当焊丝表面镀铜时，铜含量应不大于0.35%。

3. 根据供需双方协议，也可生产其他牌号的焊丝。

4. 根据供需双方协议，H08A、H08E、H08C非沸腾钢允许硅含量不大于0.10%。

5. H08A、H08E、H08C焊丝中锰含量按《焊接用钢盘条》（GB/T 3429—2002）要求。

2）焊丝尺寸应符合表1-82的规定。

表1-82　焊丝的尺寸　　　（单位：mm）

| 公 称 直 径 | 极 限 偏 差 |
|---|---|
| 1.6,2.0,2.5 | 0<br>-0.10 |
| 3.2,4.0,5.0,6.0 | 0<br>-0.12 |

注：根据供需双方协议，也可生产其他尺寸的焊丝。

3）焊丝表面质量。

① 焊丝表面应光滑，无毛刺、凹陷、裂纹、折痕、氧化皮等缺陷或其他不利于焊接操作以及对焊缝金属性能有不利影响的外来物质。

② 焊丝表面允许有不超出直径允许偏差的一半的划伤及不超出直径偏差的局部缺陷存在。

③ 根据供需双方协议，焊丝表面可采用镀铜，其镀层表面应光滑，不得有肉眼可见的裂纹、麻点、锈蚀及镀层。

（2）焊剂

1）焊剂为颗粒状，焊剂能自由地通过标准焊接设备的焊剂供给管道、阀门和喷嘴。焊剂的颗粒度要求应符合表1-83的规定，但根据供需双方协议的要求，可以制造其他尺寸的焊剂。

表1-83　焊剂的颗粒度要求

| 普通颗粒度 | | 细颗粒度 | |
|---|---|---|---|
| <0.450mm(40目) | ≤5% | <0.280mm(60目) | ≤5% |
| >2.50mm(8目) | ≤2% | >2.00mm(10目) | ≤2% |

2）焊剂含水量不大于0.10%。

3）焊剂中机械夹杂物（碳粒、铁屑、原材料颗粒、铁合金凝珠及其他杂物）的质量百分含量不大于0.30%。

4）焊剂的硫含量不大于0.060%，磷含量不大于0.080%。根据供需双方协议，也可以制造硫、磷含量更低的焊剂。

5）焊剂焊接时焊道应整齐，成形美观，脱渣容易。焊道与焊道之间、焊道与木材之间过渡平滑，不应产生较严重的咬边现象。

（3）焊丝—焊剂组合焊缝金属射线探伤　应符合《金属熔化焊焊接接头射线照相》（GB/T 3323—2005）中Ⅰ级。

（4）熔敷金属力学性能

1）熔敷金属拉伸试验应符合表1-84的规定。

表 1-84 熔敷金属拉伸试验

| 焊剂型号 | 抗拉强度 $\sigma_b$ /MPa | 屈服强度 $\sigma_s$ /MPa | 伸长率 $\delta_5$ （%） |
|---|---|---|---|
| F4××-H××× | 415～550 | ≥330 | ≥22 |
| F5××-H××× | 480～650 | ≥400 | ≥22 |

2）熔敷金属冲击试验应符合表 1-85 的规定。

表 1-85 熔敷金属冲击试验

| 焊剂型号 | 冲击吸收功/J | 试验温度/℃ |
|---|---|---|
| F××0-H××× | | 0 |
| F××2-H××× | | -20 |
| F××3-H××× | ≥27 | -30 |
| F××4-H××× | | -40 |
| F××5-H××× | | -50 |
| F××6-H××× | | -60 |

# 三、气体保护焊用焊丝

## 1. 实际案例展示

## 2. 牌号分类

用在钢结构工程中的气体保护焊焊丝，主要为 $CO_2$ 气体保护焊用焊丝。

根据《气体保护电弧焊用碳钢、低合金钢焊丝》（GB/T 8110—2008），焊丝按化学成分和采用熔化极气体保护电弧焊时熔敷金属的力学性能分类。

焊丝型号的表示方法为 ERXX-X，字母 ER 表示焊丝，ER 后面的两位数字表示熔敷金属的最低抗拉强度，短划"—"后面的字母或数字表示焊丝化学成分分类代号。如还附加其他化学成分时，直接用元素符号表示，并以短划"—"与前面数字分开。

焊丝型号举例如下：

ER 55 — B2 — Mn
- 表示焊丝中含有锰元素
- 表示焊丝化学成分分类代号
- 表示熔敷金属抗拉强度最低值为550MPa
- 表示焊丝

## 3. 技术要求

（1）焊丝化学成分　焊丝化学成分应符合表1-86的规定。

表1-86　焊丝化学成分（质量分数）　　　　　　　　（单位:%）

| 焊丝型号 | C | Mn | Si | P | S | Ni | Cr | Mo | V | Ti | Zr | Al | Cu① | 其他元素总量 |
|---|---|---|---|---|---|---|---|---|---|---|---|---|---|---|
| 碳钢 | | | | | | | | | | | | | | |
| ER50-2 | 0.07 | 0.90 ~ 1.40 | 0.40 ~ 0.70 | 0.025 | 0.025 | 0.15 | 0.15 | 0.15 | 0.03 | 0.05 ~ 0.15 | 0.02 ~ 0.12 | 0.05 ~ 0.15 | 0.50 | — |
| ER50-3 | | | 0.45 ~ 0.75 | | | | | | | | | | | |
| ER50-4 | 0.06 ~ 0.15 | 1.00 ~ 1.50 | 0.65 ~ 0.85 | | | | | | | — | — | — | | |
| ER50-6 | | 1.40 ~ 1.85 | 0.80 ~ 1.15 | | | | | | | | | | | |
| ER50-7 | 0.07 ~ 0.15 | 1.50 ~ 2.00② | 0.50 ~ 0.80 | | | | | | | | | | | |
| ER49-1 | 0.11 | 1.80 ~ 2.10 | 0.65 ~ 0.95 | 0.030 | 0.030 | 0.30 | 0.20 | — | — | | | | | |
| 碳钼钢 | | | | | | | | | | | | | | |
| ER49-Al | 0.12 | 1.30 | 0.30 ~ 0.70 | 0.025 | 0.025 | 0.20 | — | 0.40 ~ 0.65 | — | — | — | — | 0.35 | 0.50 |
| 铬钼钢 | | | | | | | | | | | | | | |
| ER55-B2 | 0.07 ~ 0.12 | 0.40 ~ 0.70 | 0.40 ~ 0.70 | 0.025 | | 0.20 | 1.20 ~ 1.50 | 0.40 ~ 0.65 | — | | | | | |
| ER49-B2L | 0.05 | | | | | | | | | | | | | |
| ER55-B2-MnV | 0.06 ~ 0.10 | 1.20 ~ 1.60 | 0.60 ~ 0.90 | 0.030 | 0.025 | 0.25 | 1.00 ~ 1.30 | 0.50 ~ 0.70 | 0.20 ~ 0.40 | — | — | — | 0.35 | 0.50 |
| ER55-B2-Mn | | 1.20 ~ 1.70 | | | | | 0.90 ~ 1.20 | 0.45 ~ 0.65 | | | | | | |
| ER62-B3 | 0.07 ~ 0.12 | 0.40 ~ 0.70 | 0.40 ~ 0.70 | | | 0.20 | 2.30 ~ 2.70 | 0.90 ~ 1.20 | — | | | | | |
| ER55-B3L | 0.05 | | | 0.025 | | | | | | | | | | |
| ER55-B6 | 0.10 | | 0.50 | | | 0.60 | 4.50 ~ 6.00 | 0.45 ~ 0.65 | | | | | | |
| ER55-B8 | 0.10 | | | | | 0.50 | | 0.80 ~ 1.20 | | | | | | |
| ER62-B9③ | 0.07 ~ 0.13 | 1.20 | 0.15 ~ 0.50 | 0.010 | 0.010 | 0.80 | 8.00 ~ 10.50 | 0.85 ~ 1.20 | 0.15 ~ 0.30 | | | 0.04 | 0.20 | |

（续）

| 焊丝型号 | C | Mn | Si | P | S | Ni | Cr | Mo | V | Ti | Zr | Al | Cu① | 其他元素总量 |
|---|---|---|---|---|---|---|---|---|---|---|---|---|---|---|
| 镍钢 | | | | | | | | | | | | | | |
| ER55-Ni1 | | | | | | 0.80 ~ 1.10 | 0.15 | 0.35 | 0.05 | | | | | |
| ER55-Ni2 | 0.12 | 1.25 | 0.40 ~ 0.80 | 0.025 | 0.025 | 2.00 ~ 2.75 | — | | | | | | 0.35 | 0.50 |
| ER55-Ni3 | | | | | | 3.00 ~ 3.75 | | | | | | | | |
| 锰钼钢 | | | | | | | | | | | | | | |
| ER55-D2 | 0.07 ~ 0.12 | 1.60 ~ 2.10 | 0.50 ~ 0.80 | 0.025 | 0.025 | 0.15 | | 0.40 ~ 0.60 | — | | | | 0.50 | 0.50 |
| ER62-D2 | | | | | | | | | | | | | | |
| ER55-D2-Ti | 0.12 | 1.20 ~ 1.90 | 0.40 ~ 0.80 | | | — | | 0.20 ~ 0.50 | | 0.20 | | | | |
| 其他低合金钢 | | | | | | | | | | | | | | |
| ER55-1 | 0.10 | 1.20 ~ 1.60 | 0.60 | 0.025 | 0.020 | 0.20 ~ 0.60 | 0.30 ~ 0.90 | — | | | | | 0.20 ~ 0.50 | 0.50 |
| ER69-1 | 0.08 | 1.25 ~ 1.80 | 0.20 ~ 0.55 | | | 1.40 ~ 2.10 | 0.30 | 0.25 ~ 0.55 | 0.05 | | | | | |
| ER76-1 | 0.09 | 1.40 ~ 1.80 | | 0.010 | 0.010 | 1.90 ~ 2.60 | 0.50 | | 0.04 | 0.10 | 0.10 | 0.10 | 0.25 | |
| ER83-1 | 0.10 | | 0.25 ~ 0.60 | | | 2.00 ~ 2.80 | 0.60 | 0.30 ~ 0.65 | 0.03 | | | | | |
| ER××-G | 供需双方协商确定 | | | | | | | | | | | | | |

① 如果焊丝镀铜，则焊丝中 Cu 含量和镀钢层中 Cu 含量之和不应大于 0.50% 。

② Mn 的最大含量可以超过 2.00% ，但每增加 0.05% 的 Mn，最大含 C 量应降低 0.01% 。

③ Nb（Cb）：0.02% ~ 0.10% ；N：0.03% ~ 0.07% ；（Mn + Ni）≤1.50% 。

注：表中单值均为最大值。

（2）试验项目　不同型号焊丝要求的化学分析、熔敷金属力学性能、射线探伤等试验应符合表 1-86 的规定。

表 1-87　焊丝试验项目

| 焊丝型号 | 焊丝化学分析 | 射线探伤 | 熔敷金属力学试验 | | 扩散氢试验 | 试样状态 |
|---|---|---|---|---|---|---|
| | | | 拉伸试验 | 冲击试验 | | |
| 碳钢 | | | | | | |
| ER50-2 | 要求 | 要求 | 要求 | 要求 | ① | 焊态 |
| ER50-3 | | | | | | |
| ER50-4 | | | | 不要求 | | |
| ER50-6 | | | | | | |
| ER50-7 | | | | 要求 | | |
| ER49-1 | | | | | | |

（续）

| 焊丝型号 | 焊丝化学分析 | 射线探伤 | 熔敷金属力学试验 | | 扩散氢试验 | 试样状态 |
|---|---|---|---|---|---|---|
| | | | 拉伸试验 | 冲击试验 | | |
| 碳钼钢 | | | | | | |
| ER49-A1 | 要求 | 要求 | 要求 | 不要求 | ① | 焊后热处理 |
| 铬钼钢 | | | | | | |
| ER55-B2 | 要求 | 要求 | 要求 | 不要求 | ① | 焊后热处理 |
| ER49-B2L | | | | | | |
| ER55-B2-MnV | | | | 要求 | | |
| ER55-B2-Mn | | | | | | |
| ER62-B3 | | | | | | |
| ER55-B3L | | | | | | |
| ER55-B6 | | | | 不要求 | | |
| ER55-B8 | | | | | | |
| ER62-B9 | | | | | | |
| 镍钢 | | | | | | |
| ER55-Ni1 | 要求 | 要求 | 要求 | 要求 | ① | 焊态 |
| ER55-Ni2 | | | | | | 焊后热处理 |
| ER55-Ni3 | | | | | | |
| 锰钼钢 | | | | | | |
| ER55-D2 | 要求 | 要求 | 要求 | 要求 | ① | 焊态 |
| ER62-D2 | | | | | | |
| ER55-D2-Ti | | | | | | |
| 其他低合金钢 | | | | | | |
| ER55-1 | 要求 | 不要求 | 要求 | 要求 | ① | 焊态 |
| ER69-1 | | | | | | |
| ER76-1 | | 要求 | | | | |
| ER83-1 | | | | | | |
| ER××-G | | | | ① | | ① |

① 供需双方协商确定。

（3）熔敷金属力学性能

1）熔敷金属拉伸试验要求应符合表1-88的规定。

2）熔敷金属 V 形缺口冲击试验要求应符合表1-89的规定。

（4）焊缝射线探伤　应符合《金属熔化焊焊接接头射线照相》（GB/T 3323—2005）附录 C 中表 C.4 的Ⅱ级规定。

（5）焊丝尺寸及允许偏差　焊丝尺寸及允许偏差应符合表1-90的规定。直条焊丝长度为 500～1000mm，允许偏差为 ±5mm。

表 1-88  熔敷金属拉伸试验要求

| 焊丝型号 | 保护气体① | 抗拉强度②$R_m$/MPa | 屈服强度②$R_{p0.2}$/MPa | 伸长率 $A$（%） | 试样状态 |
|---|---|---|---|---|---|
| 碳钢 | | | | | |
| ER50-2 | $CO_2$ | ≥500 | ≥420 | ≥22 | 焊态 |
| ER50-3 | | | | | |
| ER50-4 | | | | | |
| ER50-6 | | | | | |
| ER50-7 | | | | | |
| ER49-1 | | ≥490 | ≥372 | ≥20 | |
| 碳钼钢 | | | | | |
| ER49-Al | Ar + (1%～5%) $O_2$ | ≥515 | ≥400 | ≥19 | 焊后热处理 |
| 铬钼钢 | | | | | |
| ER55-B2 | Ar + (1%～5%) $O_2$ | ≥550 | ≥470 | ≥19 | 焊后热处理 |
| ER49-B2L | | ≥515 | ≥400 | | |
| ER55-B2-MnV | Ar + 20% $CO_2$ | ≥550 | ≥440 | | |
| ER55-B2-Mn | | ≥550 | ≥440 | ≥20 | |
| ER62-B3 | Ar + (1%～5%) $O_2$ | ≥620 | ≥540 | ≥17 | |
| ER55-B3L | | ≥550 | ≥470 | | |
| ER55-B6 | | | | | |
| ER55-B8 | | | | | |
| ER62-B9 | Ar + 5% $O_2$ | ≥620 | ≥410 | ≥16 | |
| 镍钢 | | | | | |
| ER55-Ni1 | Ar + (1%～5%) $O_2$ | ≥550 | ≥470 | ≥24 | 焊态 |
| ER55-Ni2 | | | | | 焊后热处理 |
| ER55-Ni3 | | | | | |
| 锰钼钢 | | | | | |
| ER55-D2 | $CO_2$ | ≥550 | ≥470 | ≥17 | 焊态 |
| ER62-D2 | Ar + (1%～5%) $O_2$ | ≥620 | ≥540 | ≥17 | |
| ER55-D2-Ti | $CO_2$ | ≥550 | ≥470 | ≥17 | |
| 其他低合金钢 | | | | | |
| ER55-1 | Ar + 20% $CO_2$ | ≥550 | ≥450 | ≥22 | 焊态 |
| ER69-1 | Ar + 2% $O_2$ | ≥690 | ≥610 | ≥16 | |
| ER76-1 | | ≥760 | ≥660 | ≥15 | |
| ER83-1 | | ≥830 | ≥730 | ≥14 | |
| ER××-G | 供需双方协商 | | | | |

① 本标准分类时限定的保护气体类型，在实际应用中并不限制采用其他保护气体类型，但力学性能可能会产生变化。

② 对于 ER50-2、ER50-3、ER50-4、ER50-6、ER50-7 型焊丝，当伸长率超过最低值时，每增加 1%，抗拉强度和屈服强度可减少 10MPa，但抗拉强度最低值不得小于 480MPa，屈服强度最低值不得小于 400MPa。

表 1-89　冲击试验要求

| 焊丝型号 | 试验温度/℃ | V 形缺口冲击吸收功/J | 试样状态 |
|---|---|---|---|
| 碳钢 | | | |
| ER50-2 | -30 | ≥27 | 焊态 |
| ER50-3 | -20 | | |
| ER50-4 | 不要求 | | |
| ER50-6 | -30 | ≥27 | 焊态 |
| ER50-7 | | | |
| ER49-1 | 室温 | ≥47 | |
| 碳钼钢 | | | |
| ER49-Al | 不要求 | | |
| 铬钼钢 | | | |
| ER55-B2 | 不要求 | | |
| ER49-B2L | | | |
| ER55-B2-MnV | 室温 | ≥27 | 焊后热处理 |
| ER55-B2-Mn | | | |
| ER62-B3 | 不要求 | | |
| ER55-B3L | | | |
| ER55-B6 | | | |
| ER55-B8 | 不要求 | | |
| ER62-B9 | | | |
| 镍钢 | | | |
| ER55-Ni1 | -45 | ≥27 | 焊态 |
| ER55-Ni2 | -60 | | 焊后热处理 |
| ER55-Ni3 | -75 | | |
| 锰钼钢 | | | |
| ER55-D2 | -30 | ≥27 | 焊态 |
| ER62-D2 | | | |
| ER55-D2-Ti | | | |
| 其他低合金钢 | | | |
| ER55-1 | -40 | ≥60 | 焊态 |
| ER69-1 | -50 | ≥68 | |
| ER76-1 | | | |
| ER83-1 | | | |
| ER××-G | 供需双方协商确定 | | |

**表1-90 焊丝尺寸及允许偏差** （单位：mm）

| 包装形式 | 焊丝直径 | 允许偏差 |
|---|---|---|
| 直条 | 1.2、1.6、2.0、2.4、2.5 | +0.01<br>-0.04 |
| | 3.0、3.2、4.0、4.8 | +0.01<br>-0.07 |
| 焊丝卷 | 0.8、0.9、1.0、1.2、1.4、1.6、2.0、2.4、2.5 | +0.01<br>-0.04 |
| | 2.8、3.0、3.2 | +0.01<br>-0.07 |
| 焊丝桶 | 0.9、1.0、1.2、1.4、1.6、2.0、2.4、2.5 | +0.01<br>-0.04 |
| | 2.8、3.0、3.2 | +0.01<br>-0.07 |
| 焊丝盘 | 0.5、0.6 | +0.01<br>-0.03 |
| | 0.8、0.9、1.0、1.2、1.4、1.6、2.0、2.4、2.5 | +0.01<br>-0.04 |
| | 2.8、3.0、3.2 | +0.01<br>-0.07 |

注：根据供需双方协议，可生产其他尺寸及偏差的焊丝。

（6）焊丝表面质量 焊丝表面应光滑，无毛刺、划痕、锈蚀、氧化皮等缺陷，也不应有其他不利于焊接操作或对焊缝金属有不良影响的杂质。镀铜焊丝的镀层应均匀牢固，不应出现起鳞与剥离。焊丝表面也可采用其他不影响焊接和力学性能的处理方法。

（7）焊丝送丝性能 缠绕的焊丝应适于在自动和半自动焊机上连续送丝。焊丝接头处应适当加工，以保证能均匀连续送丝。

（8）焊丝松弛直径和翘距 焊丝松弛直径和翘距应符合表1-91的规定。

**表1-91 焊丝松弛直径和翘距** （单位：mm）

| 包装形式 | 焊丝直径 | 松弛直径 | 翘距 |
|---|---|---|---|
| 直径100mm焊丝盘 | 所有 | 100~230 | ≤13 |
| 其他包装形式 | ≤0.8 | ≥300 | ≤25 |
| | ≥0.9 | ≥380 | |

注：对于某些大容量包装的焊丝可能经特殊处理以提供直丝输送，其松弛直径和翘距由供需双方协商确定。

（9）熔敷金属扩散氢含量 根据供需双方协商，如在焊丝型号后附加扩散氢代号，则应符合表1-92的规定。

**表1-92 熔敷金属扩散氢含量**

| 可选用的附加扩散氢代号 | 扩散氢含量/（mL/100g） |
|---|---|
| H15 | ≤15.0 |
| H10 | ≤10.0 |
| H5 | ≤5.0 |

注：应注明所采用的测定方法。

## 四、常用焊接材料的有关标准

常用焊接材料的有关标准应符合表 1-93 规定。

**表 1-93　常用焊接材料的有关标准**

| 内　　容 | 标准名称及编号 |
|---|---|
| 焊　　条 | 《碳钢焊条》(GB/T 5117—1995)<br>《低合金钢焊条》(GB/T 5118—1995) |
| 焊丝和焊剂 | 《气体保护焊用碳钢、低合金钢焊丝》(GB/T 8110—2008)<br>《埋弧焊用碳钢焊丝和焊剂》(GB/T 5293—1999) |
| 二氧化碳 | 《焊接用二氧化碳》(HG/T 2537—1993) |
| 焊钉(栓钉) | 《圆柱头焊钉》(GB 10433—2002) |
| 焊材管理 | 《焊接材料质量管理规程》(JB/T 3323—1996) |

# 第三节　连接用紧固标准件

## 一、普通螺栓

## 1. 实际案例展示

### 2. 等级及分类

按照性能等级划分，螺栓可分为 3.6、4.6、4.8、5.6、5.8、6.8、8.8、9.8、10.9、12.9 十个等级，其中 8.8 级及以上螺栓材质为低碳合金钢或中碳钢并经热处理，通称为高强度螺栓，8.8 级以下通称普通螺栓。高强度螺栓包括大六角头高强度螺栓、扭剪型高强度螺栓、钢网架螺栓球节点用高强度螺栓。

高强度螺栓连接副是一整套的含意，包括一个螺栓、一个螺母和一个垫圈。

螺栓的制作精度等级分为 A、B、C 级三个等级。A、B 级为精制螺栓。A、B 级螺栓应与Ⅰ类孔匹配应用。Ⅰ类孔的孔径与螺栓公称直径相等，基本上无缝隙，螺栓可轻击入孔，类似于铆钉一样受剪及承压（挤压）。但 A、B 级螺栓对构件的拼装精度要求很高，价格也贵，工程中较少采用。C 级为粗制螺栓。C 级螺栓常与Ⅱ类孔匹配应用。B 类孔的孔径比螺栓直径大 1~2mm，缝隙较大，螺栓入孔较容易，相应其受剪性能较差，C 级的普通螺栓适宜用于受拉力的连接，受剪时另用支托承受剪力。

## 二、大六角头高强度螺栓连接副

### 1. 实际案例展示

### 2. 特点

大六角头高强度螺栓的头部尺寸比普通六角头螺栓要大，可适应施加预拉力的工具及操作要求，同时也增大与连接板间的承压或摩擦面积。其产品标准为《钢结构用高强度大六角头螺栓、大六角螺母、垫圈技术条件》（GB/T 1231—2006）。

### 3. 技术要求

（1）性能等级、材料及使用配合

1）螺栓、螺母、垫圈的性能等级和材料按表 1-94 的规定。

2）螺栓、螺母、垫圈的使用配合按表 1-95 的规定。

表 1-94　螺栓、螺母、垫圈的性能等级和材料

| 类　别 | 性能等级 | 材　料 | 标准编号 | 适用规格 |
|---|---|---|---|---|
| 螺栓 | 10.9S | 20MnTiB<br>ML20MnTiB | GB/T 3077<br>GB/T 6478 | ≤M24 |
| | | 35VB | | ≤M30 |
| | 8.8S | 45、35 | GB/T 699 | ≤M20 |
| | | 20MnTiB、40Cr<br>ML20MnTiB | GB/T 3077<br>GB/T 6478 | ≤M24 |
| | | 35CrMo | GB/T 3077 | ≤M30 |
| | | 35VB | | |
| 螺母 | 10H | 45、35 | GB/T 699 | |
| | 8H | ML35 | GB/T 6478 | |
| 垫圈 | 35HRC～45HRC | 45、35 | GB/T 699 | |

表 1-95　螺栓、螺母、垫圈的使用配合

| 类　别 | 螺　栓 | 螺　母 | 垫　圈 |
|---|---|---|---|
| 形式尺寸 | 按 GB/T 1228 规定 | 按 GB/T 1229 规定 | 按 GB/T 1230 规定 |
| 性能等级 | 10.9S | 10H | 35HRC～45HRC |
| | 8.8S | 8H | 35HRC～45HRC |

（2）机械性能

1）螺栓机械性能。

① 试件机械性能。制造厂应将制造螺栓的材料取样，经与螺栓制造中相同的热处理工艺处理后，制成试件进行拉伸试验，应符合表 1-96 的规定。当螺栓的材料直径≥16mm 时，根据用户要求，制造厂还应增加常温冲击试验，应符合表 1-96 的规定。

表 1-96　拉伸试验

| 性能等级 | 抗拉强度 $R_m$/<br>MPa | 规定非比例延伸强度 $R_{p0.2}$/<br>MPa | 断后伸长率 A<br>（%） | 断后收缩率 Z<br>（%） | 冲击吸收功 $A_{KU2}$/<br>J |
|---|---|---|---|---|---|
| | | 不小于 | | | |
| 10.9S | 1040～1240 | 940 | 10 | 42 | 47 |
| 8.8S | 830～1030 | 660 | 12 | 45 | 63 |

② 实物机械性能。进行螺栓实物楔负载试验时，拉力载荷应在表 1-97 规定的范围内，且断裂应发生在螺纹部分或螺纹与螺杆交界处。

表 1-97　拉力载荷

| 螺纹规格 d | | | M12 | M16 | M20 | （M22） | M24 | （M27） | M30 |
|---|---|---|---|---|---|---|---|---|---|
| 公称应力截面面积 $A_s$/mm² | | | 84.3 | 157 | 245 | 303 | 353 | 459 | 561 |
| 性能等级 | 10.9S | 拉力载荷/N | 87700～104500 | 163000～195000 | 255000～304000 | 315000～376000 | 367000～438000 | 477000～569000 | 583000～696000 |
| | 8.8S | | 70000～86800 | 130000～162000 | 203000～252000 | 251000～312000 | 293000～364000 | 381000～473000 | 466000～578000 |

当螺栓 $1/d \leqslant 3$ 时，如不能做楔负载试验，允许做拉力荷载试验或芯部硬度试验。拉力荷载应符合表 1-97 的规定。芯部硬度试验符合表 1-98 的规定。

表 1-98 芯部硬度试验

| 性能等级 | 维氏硬度 | | 洛氏硬度 | |
|---|---|---|---|---|
| | min | max | min | max |
| 10.9S | 312HV30 | 367HV30 | 33HRC | 39HRC |
| 8.8S | 249HV30 | 296HV30 | 24HRC | 31HRC |

③ 螺栓脱碳层按《紧固件机械性能 螺栓、螺钉和螺柱》（GB/T 3098.1—2010）的有关规定。

2）螺母机械性能。

① 螺母的保证载荷应符合表 1-99 的规定。

表 1-99 螺母的保证荷载

| 螺纹规格 $D$ | | | M12 | M16 | M20 | （M22） | M24 | （M27） | M30 |
|---|---|---|---|---|---|---|---|---|---|
| 性能等级 | 10H | 保证载荷/N | 87700 | 163000 | 255000 | 315000 | 367000 | 477000 | 583000 |
| | 8H | | 70000 | 130000 | 203000 | 251000 | 293000 | 381000 | 466000 |

② 螺母的硬度应符合表 1-100 的规定。

表 1-100 螺母的硬度

| 性能等级 | 洛氏硬度 | | 维氏硬度 | |
|---|---|---|---|---|
| | min | max | min | max |
| 10H | 98HRB | 32HRC | 222HV30 | 304HV30 |
| 8H | 95HRB | 30HRC | 206HV30 | 289HV30 |

3）垫圈硬度。垫圈的硬度为 329HV30 ~ 436HV30（35HRC ~ 45HRC）。

（3）连接副的扭矩系数

1）高强度大六角头螺栓连接副应保证扭矩系数供货，同批连接副的扭矩系数平均值为 0.110 ~ 0.150，扭矩系数标准偏差应小于或等于 0.010。每一连接副包括 1 个螺栓、1 个螺母、2 个垫圈，并应分属同批制造。

2）扭矩系数保证期为自出厂之日起 6 个月，用户如需延长保证期，可由供需双方协议解决。

（4）螺栓、螺母的螺纹

1）螺纹的基本尺寸按《普通螺纹 基本尺寸》（GB/T 196—2003）粗牙普通螺纹的规定。螺栓螺纹公差按《普通螺纹 公差》（GB/T 197—2003）的 6g，螺母螺纹公差按《普通螺纹 公差》（GB/T 197—2003）的 6H。

2）螺纹牙侧表面粗糙度的最大参数值 $Ra$ 应为 12.5μm。

（5）螺栓的螺纹末端 按《钢结构用高强度大六角头螺栓》（GB/T 1228—2006）和《紧固件 外螺纹零件的末端》（GB/T 2—2001）的规定。

（6）表现缺陷

1）螺栓、螺母的表面缺陷分别按《紧固件表面缺陷　螺栓、螺钉和螺柱一般要求》（GB/T 5779.1—2000）和《紧固件表面缺陷　螺母》（GB/T 5779.2—2000）的规定。

2）垫圈不允许有裂纹、毛刺、浮锈和影响使用的凹痕、划伤。

（7）其他尺寸及形位公差　螺栓、螺母和垫圈的其他尺寸及形位公差应符合《紧固件公差　螺栓、螺钉、螺柱和螺母》（GB/T 3103.1—2002）和《紧固件公差　平垫圈》（GB/T 3103.3—2000）有关 C 级产品的规定。

（8）表面质量　螺栓、螺母和垫圈均应进行保证连接副扭矩系数和防锈的表面处理，表面处理工艺由制作厂选择。

## 三、扭剪型高强度螺栓连接副

### 1. 实际案例展示

### 2. 特点

扭剪型高强度螺栓的尾部连着一个梅花头，梅花头与螺栓尾部之间有一沟槽。当用特制扳手拧螺母时，以梅花头作为反拧支点，终拧时梅花头沿沟槽被拧断，并以拧断为准表示已达到规定的预拉力值。其产品标准为《钢结构用扭剪型高强度螺栓连接副》（GB/T 3632—2008）。

### 3. 尺寸

（1）螺栓尺寸　螺栓尺寸应符合图 1-8 及表 1-101 ~ 表 1-103 规定。

尺寸代号和标注符合《紧固件　螺栓、螺钉、螺柱及螺母　尺寸代号和标注》（GB/T 5276—1985）规定。

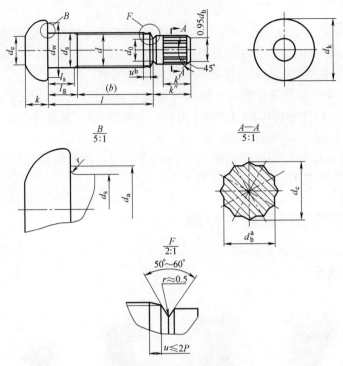

图 1-8　螺栓尺寸

$d_2$—内切圆直径　　$l$—不完整螺纹的长度

### 表 1-101　螺栓尺寸

（单位：mm）

| 螺纹规格 $d$ | | | M16 | M20 | （M22）[①] | M24 | （M27）[②] | M30 |
|---|---|---|---|---|---|---|---|---|
| $P$ | | | 2 | 2.5 | 2.5 | 3 | 3 | 3.5 |
| $d_a$ | | max | 18.83 | 24.4 | 26.4 | 28.4 | 32.84 | 35.84 |
| $d_s$ | | max | 16.43 | 20.52 | 22.52 | 24.52 | 27.84 | 30.84 |
| | | min | 15.57 | 19.48 | 21.48 | 23.48 | 26.16 | 29.16 |
| $d_w$ | | min | 27.9 | 34.5 | 38.5 | 41.5 | 42.8 | 46.5 |
| $d_k$ | | max | 30 | 37 | 41 | 44 | 50 | 55 |
| $k$ | | 公称 | 10 | 13 | 14 | 15 | 17 | 19 |
| | | max | 10.75 | 13.90 | 14.90 | 15.90 | 17.90 | 20.05 |
| | | min | 9.25 | 12.10 | 13.10 | 14.10 | 16.10 | 17.95 |
| $k'$ | | min | 12 | 14 | 15 | 16 | 17 | 18 |
| $k''$ | | max | 17 | 19 | 21 | 23 | 24 | 25 |
| $r$ | | min | 1.2 | 1.2 | 1.2 | 1.6 | 2.0 | 2.0 |
| $d_0$ | | ≈ | 10.9 | 13.6 | 15.1 | 16.4 | 18.6 | 20.6 |
| $d_b$ | | 公称 | 11.1 | 13.9 | 15.4 | 16.7 | 19.0 | 21.1 |
| | | max | 11.3 | 14.1 | 15.6 | 16.9 | 19.3 | 21.4 |
| | | min | 11.0 | 13.8 | 15.3 | 16.6 | 18.7 | 20.8 |
| $d_c$ | | ≈ | 12.8 | 16.1 | 17.8 | 19.3 | 21.9 | 24.4 |
| $d_e$ | | ≈ | 13 | 17 | 18 | 20 | 22 | 24 |

① 括号内的规格为第二选择系列，应优先选用第一系列（不带括号）的规格。

② $P$——螺距。

表 1-102　螺栓尺寸　　　（单位：mm）

| 螺纹规格 d | | | M16 | | M20 | | (M22)① | | M24 | | (M27)① | | M30 | |
|---|---|---|---|---|---|---|---|---|---|---|---|---|---|---|
| l | | | 无螺纹杆部长度 l 和夹紧长度 l | | | | | | | | | | | | |
| 公称 | min | max | l min | l max | l min | l max | l min | l max | l min | l max | l min | l max | l min | l max |
| 40 | 38.75 | 41.25 | 4 | 10 | | | | | | | | | | |
| 45 | 43.75 | 45.25 | 9 | 15 | 2.5 | 10 | | | | | | | | |
| 50 | 48.75 | 51.25 | 14 | 20 | 7.5 | 15 | 2.5 | 10 | | | | | | |
| 55 | 53.5 | 56.5 | 14 | 20 | 12.5 | 20 | 7.5 | 15 | 1 | 10 | | | | |
| 60 | 58.5 | 61.5 | 19 | 25 | 17.5 | 25 | 12.5 | 20 | 6 | 15 | | | | |
| 65 | 63.5 | 66.5 | 24 | 30 | 17.5 | 25 | 17.5 | 25 | 11 | 20 | 6 | 15 | | |
| 70 | 68.5 | 71.5 | 29 | 35 | 22.5 | 30 | 17.5 | 25 | 16 | 25 | 11 | 20 | 4.5 | 15 |
| 75 | 73.5 | 76.5 | 34 | 40 | 27.5 | 35 | 22.5 | 30 | 18 | 25 | 18 | 25 | 9.5 | 20 |
| 80 | 73.5 | 81.5 | 39 | 45 | 32.5 | 40 | 27.5 | 35 | 21 | 30 | 16 | 25 | 14.5 | 25 |
| 85 | 83.25 | 86.75 | 44 | 50 | 37.5 | 45 | 32.5 | 40 | 26 | 33 | 21 | 30 | 14.5 | 25 |
| 90 | 88.25 | 91.75 | 49 | 55 | 42.5 | 50 | 37.5 | 45 | 31 | 40 | 26 | 35 | 19.5 | 30 |
| 95 | 93.25 | 96.75 | 54 | 60 | 47.5 | 55 | 42.5 | 50 | 36 | 45 | 31 | 40 | 24.5 | 35 |
| 100 | 98.25 | 101.75 | 59 | 65 | 52.5 | 60 | 47.5 | 65 | 41 | 50 | 38 | 45 | 29.5 | 40 |
| 110 | 108.25 | 111.75 | 69 | 75 | 62.5 | 70 | 57.5 | 65 | 61 | 60 | 45 | 55 | 39.5 | 50 |
| 120 | 118.26 | 121.75 | 79 | 85 | 72.5 | 80 | 67.5 | 75 | 61 | 70 | 56 | 65 | 49.5 | 60 |
| 130 | 128 | 132 | 89 | 95 | 82.5 | 90 | 77.5 | 85 | 71 | 80 | 65 | 75 | 59.5 | 70 |
| 140 | 138 | 142 | | | 93.5 | 100 | 87.5 | 95 | 81 | 90 | 76 | 85 | 69.5 | 80 |
| 150 | 148 | 152 | | | 102.5 | 110 | 97.5 | 105 | 91 | 100 | 86 | 95 | 79.5 | 90 |
| 160 | 156 | 164 | | | 112.5 | 120 | 107.5 | 115 | 101 | 110 | 96 | 105 | 89.5 | 100 |
| 170 | 166 | 174 | | | | | 117.5 | 125 | 111 | 120 | 105 | 115 | 99.5 | 110 |
| 180 | 176 | 184 | | | | | 127.5 | 135 | 121 | 130 | 116 | 125 | 109.5 | 120 |
| 190 | 185.4 | 194.6 | | | | | 137.5 | 145 | 131 | 140 | 126 | 135 | 119.5 | 130 |
| 200 | 195.4 | 204.6 | | | | | 147.5 | 155 | 141 | 150 | 136 | 145 | 129.5 | 140 |
| 220 | 215.4 | 224.6 | | | | | 167.5 | 175 | 161 | 170 | 156 | 165 | 149.5 | 160 |

① 括号内的规格为第二选择系列，应优先选用第一系列（不带括号）的规格。

表 1-103　螺栓尺寸　　　（单位：mm）

| 螺纹规格 d | M16 | M20 | (M22)① | M24 | (M27)① | M30 | M16 | M20 | (M22)① | M24 | (M27)① | M30 |
|---|---|---|---|---|---|---|---|---|---|---|---|---|
| l 公称尺寸 | (b) | | | | | | 每 1000 件钢螺栓的质量 (ρ=7.85kg/dm³)/kg | | | | | |
| 40 | 30 | | | | | | 106.59 | | | | | |
| 45 | 30 | | | | | | 114.07 | 194.59 | | | | |
| 50 | | 35 | | 40 | | | 121.54 | 205.28 | 261.90 | | | |
| 55 | 35 | | | | 45 | | 128.12 | 217.99 | 276.12 | 332.89 | | |

（续）

| 螺纹规格 d | M16 | M20 | (M22)① | M24 | (M27)① | M30 | M16 | M20 | (M22)① | M24 | (M27)① | M30 |
|---|---|---|---|---|---|---|---|---|---|---|---|---|
| l 公称尺寸 | (b) | | | | | | 每1000件钢螺栓的质量($\rho=7.85\text{kg/dm}^3$)/kg | | | | | |
| 60 | | 35 | 40 | | | | 135.60 | 229.68 | 290.34 | 349.89 | | |
| 65 | | | | 45 | | | 143.08 | 239.98 | 304.57 | 366.88 | 490.64 | |
| 70 | | | | | 50 | | 150.54 | 251.67 | 317.23 | 383.88 | 511.74 | 651.05 |
| 75 | | | | | | 55 | 158.02 | 263.37 | 331.45 | 398.72 | 532.83 | 677.26 |
| 80 | | | | | | | 165.49 | 275.07 | 345.68 | 415.72 | 552.01 | 703.47 |
| 85 | 35 | | | | | | 172.97 | 286.77 | 359.90 | 432.71 | 573.11 | 726.96 |
| 90 | | | | | | | 180.44 | 298.46 | 374.12 | 449.71 | 594.21 | 753.17 |
| 95 | | 40 | | | | | 187.91 | 310.17 | 388.34 | 466.71 | 615.30 | 779.38 |
| 100 | | | | | | | 195.39 | 321.86 | 402.57 | 483.70 | 636.39 | 805.59 |
| 110 | | | 46 | | | | 210.33 | 345.25 | 431.02 | 517.69 | 678.59 | 858.02 |
| 120 | | | | 50 | | | 225.28 | 368.65 | 459.46 | 551.68 | 720.78 | 910.44 |
| 130 | | | | | | | 240.22 | 392.04 | 487.91 | 585.67 | 762.97 | 962.87 |
| 140 | | | | | 55 | 60 | | 415.44 | 516.35 | 619.66 | 805.16 | 1016.29 |
| 150 | | | | | | | | 438.83 | 544.80 | 653.65 | 847.35 | 1067.71 |
| 160 | | | | | | | | 462.23 | 573.24 | 687.63 | 889.54 | 1120.14 |
| 170 | | | | | | | | | 601.69 | 721.62 | 931.73 | 1172.56 |
| 180 | | | | | | | | | 630.13 | 755.61 | 973.92 | 1224.95 |
| 190 | | | | | | | | | 658.68 | 789.61 | 1016.12 | 1277.40 |
| 200 | | | | | | | | | 687.03 | 823.59 | 1058.31 | 1329.83 |
| 220 | | | | | | | | | 743.91 | 891.57 | 1142.69 | 1434.67 |

① 括号内的规格为第二选择系列，应优先选用第一系列（不带括号）的规格。

（2）螺母尺寸　螺母尺寸应符合图1-9及表1-104的规定。

尺寸代号和标注符合《紧固件　螺栓、螺钉、螺柱及螺母　尺寸代号和标注》（GB/T 5276—1985）规定。

（3）垫圈尺寸　垫圈尺寸应符合图1-10及表1-105的规定。

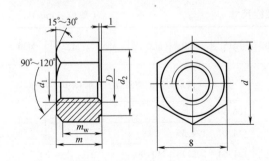

图1-9　螺母尺寸

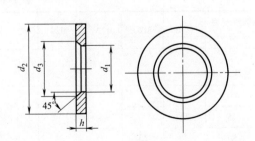

图1-10　垫圈尺寸

表 1-104　螺母尺寸　　　　　　　　　　　　（单位：mm）

| 螺纹规格 D | | M16 | M20 | (M22)[①] | M24 | (M27)[①] | M30 |
|---|---|---|---|---|---|---|---|
| P | | 2 | 2.5 | 2.5 | 3 | 3 | 3.5 |
| $d_1$ | max | 17.3 | 21.6 | 23.8 | 25.9 | 29.1 | 32.4 |
| | min | 16 | 20 | 22 | 24 | 27 | 30 |
| $d_w$ | min | 24.9 | 31.4 | 33.3 | 38.0 | 42.8 | 46.5 |
| $e$ | min | 29.56 | 37.29 | 39.55 | 45.20 | 50.85 | 55.37 |
| $m$ | max | 17.1 | 20.7 | 23.6 | 24.2 | 27.6 | 30.7 |
| | min | 16.4 | 19.4 | 22.3 | 22.9 | 26.3 | 29.1 |
| $m_w$ | min | 11.5 | 13.6 | 15.6 | 16.0 | 18.4 | 20.4 |
| $c$ | max | 0.8 | 0.8 | 0.8 | 0.8 | 0.8 | 0.8 |
| | min | 0.4 | 0.4 | 0.4 | 0.4 | 0.4 | 0.4 |
| $s$ | max | 27 | 34 | 36 | 41 | 46 | 50 |
| | min | 26.16 | 33 | 35 | 40 | 45 | 49 |
| 支承面对螺纹轴线的全跳动公差 | | 0.38 | 0.47 | 0.50 | 0.57 | 0.64 | 0.70 |
| 每 1000 件钢螺母的质量 ($\rho = 7.85\text{kg/dm}^3$)/kg | | 61.51 | 118.77 | 146.59 | 202.67 | 288.51 | 374.01 |

① 括号内的规格为第二选择系列，应优先选用第一系列（不带括号）的规格。

表 1-105　垫圈尺寸　　　　　　　　　　　　（单位：mm）

| 规格(螺纹大径) | | 16 | 20 | (22)[①] | 24 | (27)[①] | 30 |
|---|---|---|---|---|---|---|---|
| $d_1$ | min | 17 | 21 | 23 | 25 | 28 | 31 |
| | max | 17.43 | 21.52 | 23.52 | 25.52 | 28.52 | 31.62 |
| $d_2$ | min | 31.4 | 38.4 | 40.4 | 45.4 | 50.1 | 54.1 |
| | max | 33 | 40 | 42 | 47 | 52 | 56 |
| $h$ | 公称 | 4.0 | 4.0 | 5.0 | 5.0 | 5.0 | 5.0 |
| | min | 3.5 | 3.5 | 4.5 | 4.5 | 4.5 | 4.5 |
| | max | 4.8 | 4.8 | 5.8 | 5.8 | 5.8 | 5.8 |
| $d_1$ | min | 19.23 | 24.32 | 26.32 | 28.32 | 32.84 | 35.84 |
| | max | 20.03 | 25.12 | 27.12 | 29.12 | 33.64 | 36.64 |
| 每 1000 件钢垫圈的质量 ($\rho = 7.85\text{kg/dm}^3$)/kg | | 23.40 | 33.55 | 43.34 | 55.76 | 66.52 | 75.42 |

① 括号内的规格为第二选择系列，应优先选用第一系列（不带括号）的规格。

## 4. 技术要求

（1）性能等级及材料　螺栓、螺母、垫圈的性能等级和推荐材料按表 1-106 的规定。经供需双方协议，也可使用其他材料，但应在订货合同中注明，并在螺栓或螺母产品上增加标志 T（紧跟 S 或 H）。

表 4-106 螺栓、螺母、垫圈的性能等级和推荐材料

| 类别 | 性能等级 | 推荐材料 | 标准编号 | 适用规格 |
|---|---|---|---|---|
| 螺栓 | 10.9S | 20MnTiB<br>ML20MnTiB | GB/T 3077<br>GB/T 6478 | ≤M24 |
| | | 35VB<br>35CrMo | （附录A）<br>GB/T 3077 | M27、M30 |
| 螺母 | 10H | 45、35<br>ML35 | GB/T 699<br>GB/T 6478 | ≤M30 |
| 垫圈 | — | 45、35 | GB/T 699 | |

（2）机械性能

1）螺栓机械性能。

① 原材料试件机械性能。制造者应对螺栓的原材料取样，经与螺栓制造中相同的热处理工艺处理后，按《金属材料 拉伸试验 室温试验方法》（GB/T 228—2010）制成试件进行拉伸试验，应符合表 1-107 的规定。根据用户要求，可增加低温冲击试验，应符合表1-107的规定。

表 1-107 拉伸试验

| 性能等级 | 抗拉强度 $R_m$/MPa | 规定非比例延伸强度 $R_{po.z}$/MPa | 断后伸长率 $A$（%） | 断后收缩率 $Z$（%） | 冲击吸收功 $A_{kvz}$/J（-20℃） |
|---|---|---|---|---|---|
| | | | 不小于 | | |
| 10.9S | 1040～1240 | 940 | 10 | 42 | 27 |

② 螺栓实物机械性能。对螺栓实物进行楔负载试验时，当拉力荷载在表 1-108 规定的范围内，断裂应发生在螺纹部分或螺纹与螺杆交接处。

当螺栓 $1/d≤3$ 时，如不能进行楔负载试验，允许用拉力荷载试验或芯部硬度试验代替楔负载试验。拉力荷载应符合表 1-108 的规定，芯部硬度应符合表 1-109 的规定。

表 1-108 楔负载试验拉力荷载

| 螺纹规格 $d$ | M16 | M20 | M22 | M24 | M27 | M30 |
|---|---|---|---|---|---|---|
| 公称应力截面面积 $A_a$/mm² | 157 | 245 | 303 | 353 | 459 | 561 |
| 10.9S 拉力载荷/kN | 163～195 | 255～304 | 315～376 | 367～438 | 477～569 | 583～696 |

表 1-109 芯部硬度

| 性能等级 | 维氏硬度 | | 洛氏硬度 | |
|---|---|---|---|---|
| | min | max | min | max |
| 10.9S | 312 HV30 | 367 HV30 | 33 HRC | 39 HRC |

③ 螺栓的脱碳层按《紧固件机械性能 螺栓、螺钉和螺柱》（GB/T 3098.1—2010）表3的规定。

2）螺母机械性能。

① 螺母的保证荷载应符合表 1-110 的规定。

表 1-110　螺母的保证荷载

| 螺纹规格 $D$ | | M16 | M20 | M22 | M24 | M27 | M30 |
|---|---|---|---|---|---|---|---|
| 公称应力截面积 $A_s$/mm² | | 157 | 245 | 303 | 353 | 459 | 561 |
| 保证应力 $S_p$/MPa | | 1040 | | | | | |
| 10H | 保证载荷 $(A_s \times S_P)$/kN | 163 | 255 | 315 | 367 | 477 | 583 |

② 螺母的硬度应符合表 1-111 的规定。

表 1-111　螺母的硬度

| 性能等级 | 洛氏硬度 | | 维氏硬度 | |
|---|---|---|---|---|
| | min | max | min | max |
| 10H | 98HRB | 32HRC | 222HV30 | 304HV30 |

3）垫圈的硬度。垫圈的硬度为 329HV30 ~ 436HV30（35HRC ~ 45HRC）。

（3）连接副的紧固轴力　应符合表 1-112 的规定。

表 1-112　连接副的紧固轴力

| 螺纹规格 | | M16 | M20 | M22 | M24 | M27 | M30 |
|---|---|---|---|---|---|---|---|
| 每批紧固轴力的平均值/kN | 公称 | 110 | 171 | 209 | 248 | 319 | 391 |
| | min | 100 | 155 | 190 | 225 | 290 | 355 |
| | max | 121 | 188 | 230 | 272 | 351 | 430 |
| 紧固轴力标准偏差 $\sigma \leqslant$ /kN | | 10.0 | 15.5 | 19.0 | 22.5 | 29.0 | 35.5 |

（4）螺栓、螺母的螺纹　螺纹的基本尺寸应符合《普通螺纹　基本尺寸》（GB/T 196—2003）对粗牙普通螺纹的规定。螺栓螺纹公差应符合 6g（GB/T 197—2003），螺母螺纹公差应符合 6H（GB/T 197—2003）的规定。

（5）表面缺陷

1）螺栓、螺母的表面缺陷应符合《紧固件表面缺陷　螺栓、螺钉和螺柱一般要求》（GB/T 5779.1—2000）或《紧固件表面缺陷　螺母》（GB/T 5779.2—2000）的规定。

2）垫圈表面不允许有裂纹、毛刺、浮锈和影响使用的凹痕、划伤。

（6）其他尺寸及形位公差　螺栓、螺母、垫圈的其他尺寸及形位公差应符合《紧固件公差　螺栓、螺钉、螺柱和螺母》（GB/T 3103.1—2002）或《紧固件公差　平垫圈》（GB/T 3103.3—2000）有关 C 级产品的规定。

（7）表面处理　为保证连接副紧固轴力和防锈性能，螺栓、螺母和垫圈应进行表面处理（可以是相同的或不同的），并由制造者确定。经处理后的连接副紧固轴力应符合有关规定。

## 四、钢网架螺栓球节点用高强度螺栓

### 1. 实际案例展示

### 2. 特点

钢网架螺栓球节点用高强度螺栓是专门用于钢网架螺栓球节点的高强度螺栓。其产品标准为《钢网架螺栓球节点用高强度螺栓》（GB/T 16939—1997）。

### 3. 尺寸

螺栓的形式与尺寸按图 1-11 及表 1-113 规定。

表 1-113　螺栓的尺寸　　　　　　　　　　（单位：mm）

| 螺纹规格 $d$ | | M12 | M14 | M16 | M20 | M22 | M24 | M27 | M30 | M33 | M36 |
|---|---|---|---|---|---|---|---|---|---|---|---|
| $P$ | | 1.75 | 2 | 2 | 2.5 | 2.5 | 3 | 3 | 3.5 | 3.5 | 4 |
| $b$ | min | 15 | 17 | 20 | 25 | 27 | 30 | 35 | 37 | 40 | 44 |
| | max | 18.5 | 21 | 24 | 30 | 32 | 36 | 39 | 44 | 47 | 52 |
| $\sigma \approx$ | | 1.5 | | | | 2.0 | | | 2.5 | | |
| $d_E$ | max | 18 | 21 | 24 | 30 | 34 | 36 | 41 | 46 | 50 | 55 |
| | min | 17.38 | 20.38 | 23.38 | 29.38 | 33.38 | 35.38 | 40.38 | 45.38 | 49.38 | 54.26 |
| $d_e$ | max | 12.35 | 14.35 | 16.35 | 20.42 | 22.42 | 24.42 | 27.42 | 30.42 | 33.50 | 38.50 |
| | min | 11.65 | 13.65 | 15.65 | 19.58 | 21.58 | 23.58 | 26.58 | 29.58 | 32.50 | 35.50 |
| $K$ | 公称 | 6.4 | 7.5 | 10 | 12.5 | 14 | 15 | 17 | 18.7 | 21 | 22.5 |
| | max | 7.15 | 8.25 | 10.75 | 13.4 | 14.9 | 15.9 | 17.9 | 19.75 | 22.05 | 23.55 |
| | min | 5.65 | 6.75 | 9.25 | 11.6 | 13.1 | 14.1 | 16.1 | 17.66 | 19.95 | 21.45 |
| $r$ | min | 0.8 | | | 1.0 | | | 1.5 | | | |

（续）

| 螺纹规格 $d$ | | M12 | M14 | M16 | M20 | M22 | M24 | M27 | M30 | M33 | M36 |
|---|---|---|---|---|---|---|---|---|---|---|---|
| $d_a$ | max | 15.20 | 17.29 | 19.20 | 24.40 | 26.40 | 28.40 | 32.40 | 35.40 | 38.40 | 42.40 |
| $l$ | 公称 | 50 | 54 | 62 | 73 | 75 | 82 | 90 | 98 | 101 | 125 |
| | max | 50.80 | 54.96 | 62.96 | 73.96 | 75.96 | 83.1 | 91.1 | 99.1 | 102.1 | 126.25 |
| | min | 49.20 | 53.05 | 61.05 | 72.05 | 74.05 | 80.9 | 88.9 | 96.9 | 99.9 | 123.75 |
| $l_1$ | 公称 | 18 | | 22 | 24 | | | | 28 | | 43 |
| | max | 18.35 | | 22.42 | 24.42 | | | | 28.42 | | 43.50 |
| | min | 17.65 | | 21.58 | 23.58 | | | | 27.58 | | 42.50 |
| $l_2$ | 参考 | 10 | | 13 | 16 | | 18 | 20 | 24 | | 26 |
| $l_3$ | | 4 | | | | | | | | | |
| $n$ | max | 3.3 | | | 5.3 | | | | 6.3 | | 8.36 |
| | min | 3 | | | 6 | | | | 6 | | 8 |
| $t_1$ | max | 2.8 | | | 3.30 | | | | 4.38 | | 5.38 |
| | min | 2.2 | | | 2.70 | | | | 3.82 | | 4.62 |
| $t_2$ | max | 2.3 | | | 2.80 | | | | 3.30 | | 4.38 |
| | min | 1.7 | | | 2.20 | | | | 2.70 | | 3.62 |

| 螺纹规格 $d$ | | M39 | M42 | M45 | M48 | M52 | M56×4 | M60×4 | M64×4 |
|---|---|---|---|---|---|---|---|---|---|
| $P$ | | 4 | 4.5 | 4.5 | 5 | 5 | 4 | 4 | 4 |
| $b$ | min | 47 | 50 | 55 | 58 | 62 | 66 | 70 | 74 |
| | max | 55 | 59 | 64 | 68 | 72 | 74 | 78 | 82 |
| $\sigma$ | ≈ | 3.0 | | | | | 3.5 | | |
| $d_E$ | max | 60 | 65 | 70 | 75 | 80 | 90 | 95 | 100 |
| | min | 59.26 | 64.26 | 69.25 | 74.25 | 79.25 | 89.13 | 94.13 | 99.13 |
| $d_e$ | max | 39.50 | 42.50 | 45.50 | 48.60 | 52.60 | 56.60 | 60.60 | 64.60 |
| | min | 38.50 | 41.50 | 44.50 | 47.50 | 51.40 | 55.40 | 59.40 | 63.40 |
| $K$ | 公称 | 25 | 26 | 28 | 30 | 33 | 35 | 38 | 40 |
| | max | 26.058 | 27.05 | 29.05 | 31.05 | 34.25 | 36.25 | 39.25 | 41.25 |
| | min | 23.95 | 24.95 | 26.95 | 28.95 | 31.75 | 33.75 | 36.75 | 38.75 |
| $r$ | min | 2.0 | | | | | 2.5 | | |
| $d_a$ | max | 45.40 | 48.60 | 52.60 | 56.60 | 62.60 | 67.00 | 71.00 | 75.00 |
| $l$ | 公称 | 128 | 136 | 145 | 148 | 162 | 172 | 196 | 205 |
| | max | 129.25 | 137.25 | 148.25 | 149.25 | 163.25 | 173.25 | 197.45 | 206.45 |
| | min | 126.75 | 134.75 | 143.75 | 146.75 | 160.75 | 170.75 | 194.55 | 203.55 |
| $l_1$ | 公称 | 43 | | | 48 | | 53 | | 58 |
| | max | 43.50 | | | 48.50 | | 53.60 | | 58.60 |
| | min | 42.50 | | | 47.60 | | 52.40 | | 57.40 |
| $l_2$ | 参考 | 26 | 30 | | | 38 | 42 | 57 | |
| $l_3$ | | 4 | | | | | | | |

（续）

| 螺纹规格 $d$ | | M39 | M42 | M45 | M48 | M52 | M56×4 | M60×4 | M64×4 |
|---|---|---|---|---|---|---|---|---|---|
| $n$ | max | | | | 8.36 | | | | |
| | min | | | | 8 | | | | |
| $t_1$ | max | | | | 5.38 | | | | |
| | min | | | | 4.82 | | | | |
| $t_2$ | max | | | | 4.38 | | | | |
| | min | | | | 3.62 | | | | |

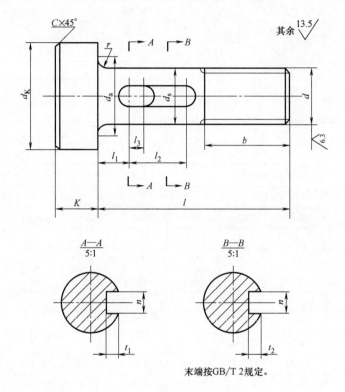

图 1-11　螺栓的形式与尺寸

## 4. 技术要求

螺栓的技术要求按表 1-114 规定。

表 1-114　螺栓的技术要求

| 项　目 | | 技 术 要 求 |
|---|---|---|
| 螺纹 | 公差 | 6g |
| | 标准 | GB 196、GB 197 |
| 公差 | 产品等级 | 除表中规定外,其余按 B 级 |
| | 标准 | GB 3103.1 |
| 机械性能 | 等级 | M12~M36;10.9S;M39~M64×4;9.8S |
| | 标准 | GB 3098.1—82 |
| 表面处理 | | 氧化 |
| 表面缺陷 | | GB 5779.1 |

注：性能等级中的"S"表示钢结构用螺栓。

## 5. 机械性能

（1）螺栓性能等级和推荐材料　按表 1-115 的规定。

**表 1-115　螺栓性能等级和推荐材料**

| 螺纹规格 $d$ | 性能等级 | 推荐材料 | 材料标准编号 |
|---|---|---|---|
| M12 ~ M24 | 10.9S | 20MnTiB、40Cr、35CrMo | GB 3077 |
| M27 ~ M36 | | 35VB、40Cr、35CrMo | GB 3077 |
| M39 ~ M64 ×4 | 9.8S | 35CrMo、40Cr | GB 3077 |

（2）螺栓材料试件机械性能　材料经热处理（工艺与螺栓实物相同）后，按《金属材料　拉伸试验　室温试验方法》（GB/T 228—2010）的规定制成拉力试件并进行拉力试验。其结果应符合表 1-116 的规定。

**表 1-116　拉力试验**

| 性能等级 | 抗拉强度 $\sigma_b$ /MPa | 屈服强度 $\sigma_{0.2}$ /MPa | 伸长率 $\delta_5$ （%） | 收缩率 $\psi$ （%） |
|---|---|---|---|---|
| | | | min | |
| 10.9S | 1040 ~ 1240 | 940 | 10 | 42 |
| 9.8S | 900 ~ 1100 | 720 | | |

（3）螺栓实物机械性能

1）拉力载荷。螺栓应进行拉力载荷试验，其值应符合表 1-117 的规定。

**表 1-117　载荷试验**

| 螺纹规格 $d$ | M12 | M14 | M16 | M20 | M22 | M24 | M27 | M30 | M33 | M36 |
|---|---|---|---|---|---|---|---|---|---|---|
| 性能等级 | 10.9S | | | | | | | | | |
| 应力截面面积 $A_s$/mm² | 84.3 | 115 | 157 | 245 | 303 | 353 | 459 | 561 | 694 | 817 |
| 拉力载荷/kN | 88 ~ 105 | 120 ~ 143 | 163 ~ 195 | 255 ~ 304 | 315 ~ 376 | 367 ~ 438 | 477 ~ 569 | 583 ~ 696 | 722 ~ 861 | 80 ~ 103 |

| 螺纹规格 $d$ | M39 | M42 | M45 | M48 | M52 | M56 ×4 | M60 ×4 | M64 ×4 |
|---|---|---|---|---|---|---|---|---|
| 性能等级 | 9.8S | | | | | | | |
| 应力截面面积 $A_s$/mm² | 976 | 1120 | 1310 | 1470 | 1760 | 2144 | 2485 | 2851 |
| 拉力载荷/kN | 878 ~ 1074 | 1008 ~ 1232 | 1179 ~ 1441 | 1323 ~ 1617 | 1584 ~ 1936 | 1930 ~ 2358 | 2237 ~ 2734 | 2566 ~ 3136 |

2）硬度。螺纹规格为 M39 ~ M64 ×4 的螺栓可用硬度试验代替拉力载荷试验。常规硬度值为 32 ~ 37HRC，如对试验有争议时，应进行芯部硬度试验，其硬度值应不低于 28HRC。如对硬度试验有争议时，应进行螺栓实物的拉力载荷试验，并以此为仲裁试验。拉力载荷值应符合表 1-117 的规定。

3）脱碳层按《紧固件机械性能　螺栓、螺钉和螺柱》（GB 3098.1—2010）表 3规定。

# 五、常用紧固标准件的有关标准

常用紧固标准件的有关标准参见表 1-118。

表 1-118　常用紧固标准件的有关标准

| 内容 | 标准名称及编号 |
|---|---|
| 机械性能 | 《紧固件机械性能螺栓、螺钉和螺柱》（GB 3098.1—2010）<br>《紧固件机械性能螺母》（GB 3098.2—2000）<br>《紧固件公差螺栓、螺钉和螺母》（GB 3103.1—2002）<br>《紧固件验收检查》（GB/T 90.1—2002）<br>《紧固件标志与包装》（GB/T 90.2—2002） |
| 高强度螺栓 | 《钢结构用高强度大六角头螺栓、大六角螺母、垫圈与技术条件》（GB/T 1228—2006）<br>《钢结构用扭剪型高强度螺栓连接副》（GB/T 3632—2008）<br>《钢网架螺栓球节点用高强度螺栓》（GB/T 16939—1997） |
| 表面缺陷 | 《紧固件表面缺陷—螺栓、螺钉和螺柱——一般要求》（GB 5779.1—2000）<br>《紧固件表面缺陷—螺母——一般要求》（GB 5779.2—2000） |

# 第四节　钢网架节点

## 一、焊接球

### 1. 实际案例展示

### 2. 质量要求

焊接球及制造焊接球所采用的原材料，其品种、规格、性能等应符合现行国家产品标准和设计要求。

焊接球焊缝应进行无损检验，其质量应符合设计要求，当设计无要求时应符合国家现行规范中规定的二级质量标准。

焊接球直径、圆度、壁厚减薄量等尺寸及允许偏差应符合国家现行规范的规定。

焊接球表面应无明显波纹及局部凹凸不平不大于 1.5mm。

## 二、螺栓球

### 1. 实际案例展示

### 2. 质量要求

螺栓球及制造螺栓球节点所采用的原材料，其品种、规格、性能等应符合现行国家产品标准和设计要求。

螺栓球不得有过烧、裂纹及褶皱。

螺栓球螺纹尺寸应符合现行国家标准《普通螺纹基本尺寸》（GB 196—2003）中粗牙螺纹的规定，螺纹公差必须符合现行国家标准《普通螺纹公差与配合》（GB 197—2003）中6H 级精度的规定。

螺栓球直径、圆度、相邻两螺栓孔中心线夹角等尺寸及允许偏差应符合国家现行规范的规定。

## 三、封板、锥头和套筒

### 1. 实际案例展示

## 2. 质量要求

封板、锥头和套筒及制造封板、锥头和套筒所采用的原材料，其品种、规格、性能等应符合现行国家产品标准和设计要求。

封板、锥头、套筒外观不得有裂纹、过烧及氧化皮。

# 第五节　金属压型板

## 1. 实际案例展示

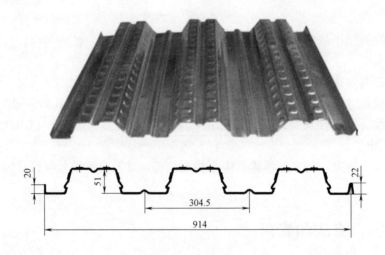

## 2. 质量要求

压型金属板有压型铝板和压型钢板等，最常用的是压型钢板。压型金属的材质应在合同中注明。建筑钢结构中应用的压型钢板的产品标准为《建筑用压型钢板》（GB/T 12755—2008）。

金属压型板及制造金属压型板所采用的原材料，其品种、规格、性能等应符合现行国家产品标准和设计要求。

压型金属泛水板、包角板和零配件的品种、规格以及防水密封材料的性能应符合现行国家产品标准和设计要求。

# 第二章 钢结构焊接工程

## 第一节 钢构件焊接工程

### 一、焊工培训、持证上岗

**1. 实际案例展示**

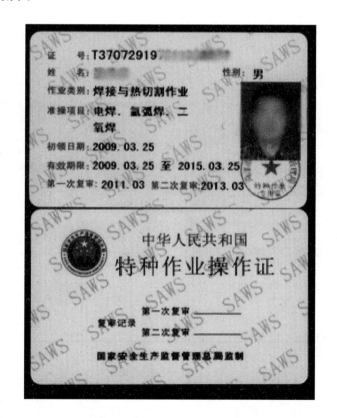

**2. 规范要求**

建筑钢结构焊接有关人员的资格应符合下列规定：

1）焊接技术责任人应接受过专门的焊接技术培训，取得中级以上技术职称并有一年以上焊接生产或施工实践经验。

2）焊接质检人员应接受专门的技术培训，有一定的焊接实践经验和技术水平，并具有质检人员上岗资质证。

3）无损探伤人员必须由国家授权的专业考核机构考核合格，其相应等级证书应在有效期内；并应按考核合格项目及权限从事焊缝无损检测和审核工作。

4）焊工应按规定考试合格，取得资格证书，持证上岗。气体火焰加热或切割操作人员应具有气割、气焊上岗证。

5）与各种钢材相匹配的焊接材料的选用由设计确定。不同强度等级的钢材相焊，当设计无规定时，可采用与低强度钢材相适应的焊接材料。

焊工必须经考试合格并取得合格证书。持证焊工必须在其合格项目及其认可范围内施焊。焊工考试应执行现行《建筑钢结构焊接技术规程》（JGJ 81—2002）的规定。焊工合格证应注明技能考试施焊条件、合格证有效期限。焊工停焊时间超过六个月，须重新考核。对从事高层、超高层及其他大型钢结构构件制作及安装焊接的焊工，还应根据钢结构的焊接节点形式、采用的焊接方法和焊工所承担的焊接工作范围及操作位置，确定附加考试类别，进行附加考试。

## 二、焊缝质量

### 1. 实际案例展示

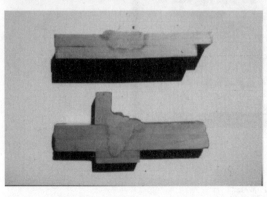

### 2. 质量要求

1）一级、二级焊缝的质量等级及缺陷分级应符合表2-1的规定。

表 2-1　一级、二级焊缝的质量等级及缺陷分级

| 焊缝质f等级 | | 一　级 | 二　级 |
|---|---|---|---|
| 内部缺陷超声波探伤 | 评定等级 | Ⅱ | Ⅲ |
| | 检验等级 | B 级 | B 级 |
| | 探伤比例 | 100% | 20% |
| 内部缺陷射线探伤 | 评定等级 | Ⅱ | Ⅲ |
| | 检验等级 | AB 级 | AB 级 |
| | 探伤比例 | 100% | 20% |

注：探伤比例的计数方法应按以下原则确定：1）对工厂制作焊缝，应以每条焊缝计算百分比，且探伤长度应不小于 200mm，当焊缝长度不足 200mm 时，应对整条焊缝进行探伤。

　2）对现场安装焊缝，应按同一类型、同一施焊条件的焊缝条数计算百分比，探伤长度不小于 20mm，并应不少于一条焊缝。

　　2）T 形接头、十字接头、角接接头等要求熔透的对接和角对接组合焊缝，其焊脚尺寸不得小于 $t/4$（图 2-1a、b、c）；设计有疲劳验算要求的吊车梁或类似构件的腹板与上翼缘板连接焊缝的焊脚尺寸为 $t/2$（图 2-1d），且不应大于 10mm。焊脚尺寸的允许偏差为 0～4mm。

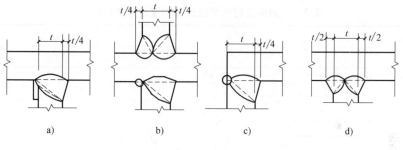

图 2-1　焊脚尺寸

　　3）焊缝表面不得有裂纹、焊瘤等缺陷。一级、二级焊缝不得有表面气孔、夹渣、弧坑裂纹、电弧擦伤、接头不良等缺陷。且一级焊缝不得有咬边、未焊满、根部收缩等缺陷。

　　4）对于需要进行焊前预热或焊后热处理的焊缝，其预热温度或后热温度应符合国家现行有关标准的规定或通过工艺试验确定。预热区在焊道两侧，每侧宽度均应大于焊件厚度的 1.5 倍以上，且不应小于 100mm；后热处理应在焊后立即进行，保温时间应根据板厚按每 25mm 板厚 1h 确定。

　　5）二级、三级焊缝外观质量标准应符合表 2-2 的规定。三级对接焊缝应按二级焊缝标准进行外观质量检验。

表 2-2　二级、三级焊缝外观质量标准　　　　　　（单位：mm）

| 缺陷类型 | 允　许　偏　差 | |
|---|---|---|
| | 二　级　焊　缝 | 三　级　焊　缝 |
| 未焊满（是指不足设计要求） | ≤0.2 + 0.02$t$，且 ≤1.0 | ≤0.2 + 0.04$t$，且 ≤2.0 |
| | 通信工程 100.0 焊缝内缺陷总长 ≤25.0 | |

（续）

| 缺陷类型 | 允许偏差 | |
|---|---|---|
| | 二级焊缝 | 三级焊缝 |
| 根部收缩 | $\leq 0.2 + 0.02t$,且$\leq 1.0$ | $\leq 0.2 + 0.04t$,且$\leq 2.0$ |
| | 长 度 不 限 | |
| 咬 边 | $\leq 0.05t$,且$\leq 0.5$;连续长度$\leq 100.0$,<br>且焊缝咬边总长$\leq 10\%$焊缝全长 | $\leq 1.0t$且$\leq 1.0$,长度不限 |
| 弧坑裂纹 | — | 允许存在个别长度$\leq 5.0$的弧坑裂纹 |
| 电弧擦伤 | | 允许存在个别电弧擦伤 |
| 接头不良 | 缺口深度$\leq 0.05t$,且$\leq 0.5$ | 缺口深度$\leq 0.1t$,且$\leq 1.0$ |
| | 每1000.0焊缝不应超过一处 | |
| 表面夹渣 | — | 深$\leq 0.2t$,长$\leq 0.5t$,且$\leq 20.0$ |
| 表面气孔 | — | 每50.0焊缝长度内允许直径$\leq 0.4t$且<br>$\leq 3.0$的气孔2个,孔距$\geq 6$倍孔径 |

注：表内 $t$ 为连接处较薄处的板厚。

6）焊缝尺寸允许偏差应符合表2-3、表2-4的规定。

**表2-3　对接及完全熔透组合焊缝尺寸允许偏差**　　　（单位：mm）

| 项　目 | 图　例 | 允许偏差 | |
|---|---|---|---|
| | | 一、二级 | 三级 |
| 对接焊缝<br>余高 $C$ | | $B < 20:0 \sim 3.0$<br>$B \geq 20:0 \sim 4.0$ | $B < 20:0 \sim 3.5$<br>$B \geq 20:0 \sim 5.0$ |
| 对接焊缝<br>错边 $d$ | | $d < 0.15t$<br>且$\leq 2.0$ | $d < 0.15t$<br>且$\leq 3.0$ |

**表2-4　部分熔透组合焊缝和角焊缝外形尺寸允许偏差**　　　（单位：mm）

| 项　目 | 图　例 | 允许偏差 |
|---|---|---|
| 焊脚尺寸 $h_f$ | | $h_f \leq 6:0 \sim 1.5$<br>$h_f > 6:0 \sim 3.0$ |
| 角焊缝余高 $C$ | | $h_f \leq 6:0 \sim 1.5$<br>$h_f > 6:0 \sim 3.0$ |

注：1. $h_t > 8.0$mm 的角焊缝其局部焊脚尺寸允许低于设计要求值1.0mm,但总长度不得超过焊缝长度的10%。

2. 焊接H形梁腹板与翼缘板的焊缝两端在其两倍翼缘板宽度范围内,焊缝的焊脚尺寸不得低于设计值。

7）焊成凹形的角焊缝，焊缝金属与母材间应平缓过渡；加工成凹形的角焊缝，不得在其表面留下切痕。

8）焊缝感观应达到：外形均匀、成型较好，焊道与焊道、焊道与基本金属间过渡较平滑，焊渣和飞溅物基本清除干净。

# 三、焊接工艺评定

## 1. 实际案例展示

××××钢结构有限公司

××××项目

# 建筑钢结构
# 焊接工艺评定报告

编号：

编制：

焊接责任：

技术人员：

标准：

单位：

日期： 年 月 日

**表 B-1 焊接工艺评定报告目录**

| 序号 | 报告名称 | 报告编号 | 页数 |
|---|---|---|---|
| 1 | | | |
| 2 | | | |
| 3 | | | |
| 4 | | | |
| 5 | | | |
| 6 | | | |
| 7 | | | |
| 8 | | | |
| 9 | | | |
| 10 | | | |
| 11 | | | |
| 12 | | | |
| 13 | | | |
| 14 | | | |
| 15 | | | |
| 16 | | | |
| 17 | | | |
| 18 | | | |
| 19 | | | |
| 20 | | | |

### 表 B-2　焊接工艺评定报告

共　页第　页

| 工程(产品)名称 | | | 评定报告编号 | | |
|---|---|---|---|---|---|
| 委托单位 | | | 工艺指导书编号 | | |
| 项目负责人 | | | 依据标准 | | 《建筑钢结构焊接技术规程》<br>（JGJ 81—2002） |
| 试样焊接单位 | | | 施焊日期 | | |
| 焊工 | | 资格代号 | | 级别 | |
| 母材钢号 | | 规格 | | 供货状态 | | 生产厂 | |

| 化学成分和力学性能 | | | | | | | | | | |
|---|---|---|---|---|---|---|---|---|---|---|
| | C<br>（%） | Mn<br>（%） | Si<br>（%） | S<br>（%） | P<br>（%） | | $\sigma_a$<br>/MPa | $\sigma_b$<br>/MPa | $\delta_3$<br>（%） | $\psi$<br>（%） | $A_{kv}$<br>/J |
| 标准 | | | | | | | | | | | |
| 合格证 | | | | | | | | | | | |
| 复验 | | | | | | | | | | | |
| 碳当量 | | | | | 公式 | | | | | | |

| 焊接材料 | 生产厂 | 牌号 | 类型 | 直径/mm | 烘干制度/（℃×h） | 备注 |
|---|---|---|---|---|---|---|
| 焊条 | | | | | | |
| 焊丝 | | | | | | |
| 焊剂或气体 | | | | | | |

| 焊接方法 | | 焊接位置 | | 接头形式 | |
|---|---|---|---|---|---|
| 焊接工艺参数 | 见焊接工艺评定指导书 | 清根工艺 | | | |
| 焊接设备型号 | | 电源及极性 | | | |
| 预热温度/℃ | | 层间温度/℃ | | 后热温度/℃及时间/min | |
| 焊后热处理 | | | | | |

评定结论:本评定按《建筑钢结构焊接技术规程》(JGJ 81—2002)规定,根据工程情况编制工艺评定指导书、焊接试件、制取并检验试样、测定性能,确认试验记录正确,评定结果为:_____。焊接条件及工艺参数适用范围按本评定指导书规定执行

| 评定 | | 年　月　日 | 评定单位:　　　　　　　　　　　　（签章） |
|---|---|---|---|
| 审核 | | 年　月　日 | |
| 技术负责 | | 年　月　日 | 年　月　日 |

## 表 B-3　焊接工艺评定指导书

共　页第　页

| 工程名称 | | | | 指导书编号 | | | |
|---|---|---|---|---|---|---|---|
| 母材钢号 | | 规格 | | 供货状态 | | 生产厂 | |
| 焊接材料 | 生产厂 | 牌号 | | 类型 | 烘干制度/(℃×h) | | 备注 |
| 焊条 | | | | | | | |
| 焊丝 | | | | | | | |
| 焊剂或气体 | | | | | | | |
| 焊接方法 | | | | 焊接位置 | | | |
| 焊接设备型号 | | | | 电源及极性 | | | |
| 预热温度/℃ | | | 层间温度 | | 后热温度/℃及时间/min | | |
| 焊后热处理 | | | | | | | |
| 接头及坡口尺寸图 | | | | 焊接顺序图 | | | |

| 焊接工艺参数 | 道次 | 焊接方法 | 焊条或焊丝 | | 焊剂或保护气 | 保护气流量/(L/min) | 电流/A | 电压/V | 焊接速度/(cm/min) | 热输入/(kJ/cm) | 备注 |
|---|---|---|---|---|---|---|---|---|---|---|---|
| | | | 牌号 | φ/mm | | | | | | | |
| | | | | | | | | | | | |
| | | | | | | | | | | | |
| | | | | | | | | | | | |
| | | | | | | | | | | | |

| 技术措施 | 焊前清理 | | 层间清理 | |
|---|---|---|---|---|
| | 背面清根 | | | |
| | 其他： | | | |

| 编制 | | 日期 | 年　月　日 | 审核 | | 日期 | 年　月　日 |
|---|---|---|---|---|---|---|---|

### 表 B-4　焊接工艺评定记录表

共　页第　页

| 工程名称 | | 指导书编号 | | |
|---|---|---|---|---|
| 焊接方法 | 焊接位置 | 设备型号 | 电源及极性 | |
| 母材钢号 | 类别 | 生产厂 | | |
| 母材规格 | | 供货状态 | | |

| 接头尺寸及施焊道次顺序 | | 焊接材料 | | | |
|---|---|---|---|---|---|
| | | 焊条 | 牌号 | 类型 | |
| | | | 生产厂 | 批号 | |
| | | | 烘干温度/℃ | 时间/min | |
| | | 焊丝 | 牌号 | 规格/mm | |
| | | | 生产厂 | 批号 | |
| | | 焊剂或气体 | 牌号 | 规格/mm | |
| | | | 生产厂 | | |
| | | | 烘干温度/℃ | 时间/min | |

施焊工艺参数记录

| 道次 | 焊接方法 | 焊条(焊丝)直径/mm | 保护气体流量/(L/min) | 电流/A | 电压/V | 焊接速度/(cm/min) | 热输入/(kJ/cm) | 备注 |
|---|---|---|---|---|---|---|---|---|
| | | | | | | | | |
| | | | | | | | | |
| | | | | | | | | |
| | | | | | | | | |
| | | | | | | | | |

| 施焊环境 | 室内/室外 | 环境温度/℃ | 相对湿度 | % |
|---|---|---|---|---|
| 预热温度/℃ | 层间温度/℃ | 后热温度 | 时间/min | |
| 后热处理 | | | | |

| 技术措施 | 焊前清理 | | 层间清理 | |
|---|---|---|---|---|
| | 背面清根 | | | |
| | 其他 | | | |

| 焊工姓名 | | 资格代号 | | 级别 | | 施焊日期 | 年　月　日 |
|---|---|---|---|---|---|---|---|
| 记录 | | 日期 | 年　月　日 | 审核 | | 日期 | 年　月　日 |

### 表 B-5 焊接工艺评定检验结果

共 页第 页

| 非破坏检验 | | | | |
|---|---|---|---|---|
| 试验项目 | 合格标准 | 评定结果 | 报告编号 | 备注 |
| 外观 | | | | |
| X 光 | | | | |
| 超声波 | | | | |
| 磁粉 | | | | |
| | | | | |

| 拉伸试验 | 报告编号 | | | | 弯曲试验 | 报告编号 | | | |
|---|---|---|---|---|---|---|---|---|---|
| 试样编号 | $\sigma_a$ /MPa | $\sigma_b$ /MPa | 断口位置 | 评定结果 | 试样编号 | 试验类型 | 弯心直径 $D$/mm | 弯曲角度 | 评定结果 |
| | | | | | | | $D = a$ | | |
| | | | | | | | $D = a$ | | |
| | | | | | | | $D = a$ | | |
| | | | | | | | $D = a$ | | |

| 冲击试验 | 报告编号 | | | 宏观金相 | 报告编号 | |
|---|---|---|---|---|---|---|
| 试样编号 | 缺口位置 | 试验温度/℃ | 冲击功 $A_{kv}$/J | 评定结果: | | |
| | | | | | | |
| | | | | | | |
| | | | | 硬度试验 | 报告编号 | |
| | | | | 评定结果: | | |
| | | | | | | |
| | | | | | | |

其他检验:

| 检验 | | 日期 | 年 月 日 | 审核 | | 日期 | 年 月 日 |
|---|---|---|---|---|---|---|---|

## 2. 评定要求

1）凡符合以下情况之一者，应在钢结构件制作及安装施工之前进行焊接工艺评定：

① 国内首次应用于钢结构工程的钢材（包括钢材牌号与标准相符但微合金强化元素的类别不同和供货状态不同，或国外钢号国内生产）。

② 国内首次应用于钢结构工程的焊接材料。

③ 设计规定的钢材类别、焊接材料、焊接方法、接头形式、焊接位置、焊后热处理制度以及施工单位所采用的焊接工艺参数、预热后热措施等为施工企业首次采用。

2）焊接工艺评定应按现行《建筑钢结构焊接规程》（JGJ 81—2002）的规定进行。焊接工艺评定完成后，应由评定单位根据检测结果提出焊接工艺评定报告，连同焊接工艺评定指导书、评定记录、评定试样检验结果一起报工程质量监督验收部门和有关单位审查备案。

3）对已采用过的钢材、焊接材料、焊接方法、焊后热处理工艺等，须具有"焊接工艺评定报告"。

4）焊接工艺是由焊接方法、母材材质、母材规格、焊接材料的规格型号、焊接位置、接头形式、预热、后热、焊后热处理制度、工艺参数等诸多因素形成的。在《建筑钢结构焊接规程》（JGJ 81—2002）中，对焊接工艺评定结果的替代原则和应用限制作出了具体规定，并把钢材按焊接性能分为 4 个类别，见表 2-5。

表 2-5　常用钢材分类（根据 JGJ 81）

| 类 别 号 | 钢材强度级别 | 类 别 号 | 钢材强度级别 |
|---|---|---|---|
| Ⅰ | Q215、Q235 | Ⅲ | Q390、Q420 |
| Ⅱ | Q295、Q345 | Ⅳ | Q460 |

注：国内新材料和国外材料按其化学成分、力学性能和焊接性能归入相应级别。

## 3. 制订焊接工艺文件

1）应由焊接技术负责人员根据焊接工艺评定结果编制焊接工艺文件，经审批后，向有关操作人员进行技术交底。

2）焊接工艺文件应包括下列内容：

① 焊接方法。

② 母材的牌号、厚度及其他相关尺寸。

③ 焊接材料型号、规格。

④ 焊接接头形式、坡口形状及尺寸允许偏差。

⑤ 夹具、定位焊、衬垫的要求。

⑥ 焊接电流、焊接电压、焊接速度、焊接层次、清根要求、焊接顺序等焊接工艺参数规定。

⑦ 预热温度及层间温度范围。

⑧ 后热、焊后消除应力处理工艺。

⑨ 检验方法及合格标准。

⑩ 其他必要的规定。

## 四、焊接材料的烘干与使用

### 1. 实际案例展示

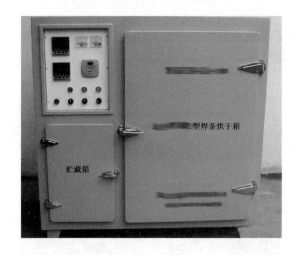

焊接材料烘焙记录

| 工程名称 | | | | | | | | | | | |
|---|---|---|---|---|---|---|---|---|---|---|---|
| 焊材牌号 | | | 规格/mm | | | | 焊材厂家 | | | | |
| 钢材材质 | | | 烘焙方法 | | | | 烘焙日期 | | | | |
| 序号 | 施焊部位 | 烘焙数量/kg | 烘焙要求 | | | | | 保温要求 | | 备注 |
| | | | 烘干温度/℃ | 烘干时间/h | 实际烘焙 | | | 降至恒温/℃ | 保温时间/h | |
| | | | | | 烘焙日期 | 从时 分 | 至时 分 | | | |
| | | | | | | | | | | |
| | | | | | | | | | | |

说明：
1. 焊条、焊剂等在使用前，应按产品说明书及有关工艺文件规定的技术要求进行烘干。
2. 焊接材料烘干后应存放在保温箱内，随用随取，焊条由保温箱（筒）取出到施焊的时间不得超过2h，酸性焊条不宜超过4h。烘干温度250～300℃。

| 施工单位 | | |
|---|---|---|
| 专业技术负责人 | 专业质检员 | 记录人 |
| | | |

注：本表由施工单位填写。

### 2. 施工要求

1）焊条、药芯焊丝、焊剂等在使用前，应按其产品说明书及焊接工艺文件的规定进行烘焙和存放。焊接材料在烘干时应排放合理、有利于均匀受热及潮气排除。烘焊条时应注意防止焊条因骤冷骤热而导致药皮开裂或脱落。

2）低氢型焊条烘干温度为350~380℃，保温时间应在1.5~2h。烘焙好的焊条应放在110~120℃的保温箱内保存、待用。使用时置于保温桶中。烘干后的低氢型焊接材料在大气中放置时间超过4h应重新烘干；焊条重复烘干次数不宜超过两次。受潮焊条不宜使用。

3）烘干、发放焊条应做好记录。

4）不得使用药皮脱落或焊芯生锈的焊条和受潮结块的焊剂及已熔烧过的渣壳。焊丝在使用前应清除油污、铁锈。应采用表面镀铜的焊丝。

## 五、焊接坡口的检查和清理

### 1. 实际案例展示

### 2. 质量要求

1）焊接坡口可用火焰切割或机械加工。缺棱为1~3mm时，应修磨平整；缺棱超过3mm时，应用直径不超过3.2mm的低氢型焊条补焊，并修磨平整。当采用机械方法加工坡口时，加工表面不应有台阶。

2）施焊前，焊工应检查焊接部位的组装质量情况，如坡口角度、钝边大小、组装间隙等。各种焊接方法焊接坡口组装允许偏差值应符合现行《建筑钢结构焊接技术规程》（JGJ 81—2002）的要求。如不符合要求，应修磨补焊合格后方能施焊。坡口组装间隙超过允许偏差规定时，可在坡口单侧或两侧堆焊、修磨使其符合要求，但当坡口组装间隙超过较薄板厚度 2 倍或大于 20mm 时，不允许修补，必须重新组装坡口。

3）施焊前，焊工应清理焊接部位，去除油污及锈迹。焊接区域表面潮湿或有冰雪时，必须清除干净方可施焊。

4）严禁在接头间隙中填塞焊条头、铁块等杂物。

## 六、定位焊接

### 1. 实际案例展示

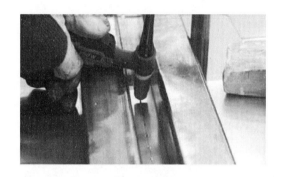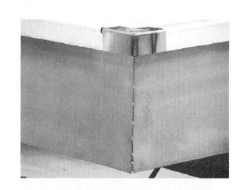

### 2. 施工要点

定位焊预热温度应略高于正式施焊预热温度。当定位焊焊缝上有气孔或裂纹时，必须清除后重焊。

钢衬垫的定位焊宜在接头坡口内焊接，定位焊焊缝厚度不宜超过设计焊缝厚度的 2/3，定位焊焊缝长度宜为 40mm，间距宜为 500~600mm，并应填满弧坑。

## 七、无损检测

### 1. 实际案例展示

## 2. 质量要求

无损检测应在外观检查合格后进行。

焊缝无损检测报告签发人员必须持有相应探伤方法的Ⅱ级或Ⅱ级以上资格证书。

设计要求全焊透的一、二级焊缝应采用超声波探伤进行内部缺陷的检验，超声波探伤不能对缺陷作出判断时，应采用射线探伤，其内部缺陷分级及探伤方法应符合现行国家标准《钢焊缝手工超声波探伤方法和探伤结果分级法》（GB 11345—2007）或《金属熔化焊焊接接头射线照相》（GB 3323—2005）的规定。

焊接球节点网架焊缝、螺栓球节点网架焊缝及圆管，T、K、Y形节点相关线焊缝，其内部缺陷分级及探伤方法应分别符合国家现行标准《钢结构超声波探伤及质量分级法》（JG/T 203—2007），《建筑钢结构焊接技术规程》（JGJ 81—2002）的规定。

# 第二节　焊钉（栓钉）焊接工程

## 1. 实际案例展示

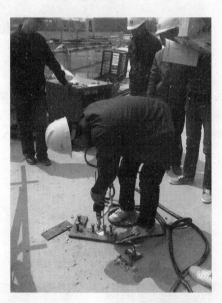

## 2. 施工要点

栓焊也称为螺柱焊，分为电弧栓焊和储能栓焊两类。在建筑工程中应用的大多是电弧栓焊。

电弧栓焊是将栓钉端头置于陶瓷保护罩内与母材接触并通以直流电，以使栓钉与母材之间激发电弧，电弧产生的热量使栓钉和母材熔化，维持一定的电弧燃烧时间后将栓钉压入母材局部熔化区内。

电弧栓焊可分为直接接触方式与引弧结（帽）方式两种。直接接触方式是在通电激发电弧同时向上提升栓钉，使电流由小到大，完成加热过程。引弧结（帽）方式是在栓钉端头镶嵌铝制帽，通电以后不需要提升或略微提升栓钉后再压入母材。

陶瓷保护罩的作用是集中电弧热量，隔离外部空气，保护电弧和熔化金属免受氮、氧的侵入，并防止熔融金属的飞溅。

1）栓焊工艺参数：包括焊接电流、通电时间、焊钉伸出长度及高度。根据栓钉的直径不同以及被焊钢材的表面情况、镀层材料选定相应的工艺参数，一般栓钉的直径增大或母材上有镀锌层时，所需的电流、时间等各项工艺参数相应增大。被焊钢构件上铺有镀锌钢板时（如钢/混凝土组合楼板中钢梁上的压型钢板），要求栓钉穿透镀锌板与母材牢固焊接，由于压型钢板厚度和镀锌层导电分流的影响，电流值必须相应提高。为确保接头强度，电弧高温下形成的氧化锌必须从焊接熔池中充分挤出，其他各项焊接参数也需相应提高。各种规格栓钉焊主要工艺参数见表2-6。

表 2-6　各种规格栓钉焊主要工艺参数

| 焊钉规格 /mm | 电流/A | | 时间/s | | 焊钉伸出长度/mm | | 提升高度/mm | |
|---|---|---|---|---|---|---|---|---|
| | 穿透焊 | 非穿透焊 | 穿透焊 | 非穿透焊 | 穿透焊 | 非穿透焊 | 穿透焊 | 非穿透焊 |
| φ13 | — | 950 | — | 7 | — | 4 | — | 2 |
| φ16 | 1500 | 1250 | 1.0 | 0.8 | 7~8 | 5 | 3.0 | 2.5 |
| φ19 | 1800 | 1500 | 1.2 | 1.0 | 7~9 | 6 | 3.0 | 2.5 |
| φ22 | — | 1800 | — | 1.2 | — | 6 | — | 3 |

2）应进行焊钉质量检查。焊钉应无裂纹、皱纹、扭歪、弯曲等缺陷。受潮的焊接瓷环

使用前应经 120℃烘焙 1~2h（或按其说明书进行）。

3）在焊前应清除母材和焊钉上的水分、油污和过量的铁锈。对穿透栓钉焊，焊接区更要严格清理焊接区，焊接电流要大于一般栓钉焊，焊接时间也要适当延长。当压型钢板采用镀锌钢板时，应采取相应的除锌措施后施焊。

4）采用栓钉进行焊接时，一般应使工件处于水平位置。

5）如遇压型板有翘起造成与线材间隙过大时，可用手持式卡具（图2-2）对压型钢板邻近施焊处局部加压，使之与母材贴合。一般要求间隙不应超过1mm。

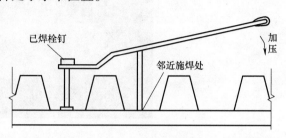

图2-2　栓焊卡具示意图

6）采用栓钉进行焊接时，如挤出焊脚不足360°，可用合适的焊条用手工电弧焊修补，并做30°弯曲试验；由于某种原因需将焊好的栓钉拆除后重焊时，应将拆除焊钉的区域磨平，如发现有被拉去母材的凹坑，则需将凹坑焊满磨平再进行补焊。

7）在每班作业前应先做样焊。应根据现场电缆线长度、施工季节、风力等因素调节焊接工艺参数。

8）栓钉焊后，应进行随机弯曲试验抽查，试验时用锤击栓钉头部，使栓钉弯曲30°。观察挤出焊脚和热影响区，无肉眼可见的裂纹即为合格。

# 第三章　紧固件连接工程

## 第一节　普通紧固件连接

### 一、永久性普通螺栓连接

**1. 实际案例展示**

**2. 施工要点**

1）螺栓一端只能垫一个垫圈，并不得采用大螺母代替垫圈。螺栓紧固应牢固、可靠，外露螺纹不应少于2个螺距。

2）螺栓连接时，为了使连接处螺栓受力均匀，螺栓的紧固次序应从中间开始，对称向两边进行；对大型接头应采用复拧，即两次紧固方法，保证接头内各个螺栓能均匀受力。

3）普通螺栓紧固检验一般采用锤击法，即用0.3kg小锤，一手扶螺栓头，另一手用锤敲，要求螺栓头不偏移、不松动，锤声比较干脆，否则说明螺栓紧固质量不好，需要重新紧固施工。

4）螺栓孔不得采用气割扩孔。

## 二、射钉、自攻螺钉及拉铆钉连接

### 1. 实际案例展示

### 2. 施工要点

自攻螺钉是指自带钻头的螺钉，即施工时不必预先钻孔，可以直接钻透钢板。对于一般的自攻螺钉，其钻透钢板的能力为6.0mm以下的钢板，特制厚板型自攻螺钉，其钻透能力可以达到12.0mm。自攻螺钉连接施工质量检验的重点应该是紧固状况、自攻螺钉的间距、边距要求和防水、防锈及密封措施等。拉铆钉、射钉等连接要求与自攻螺钉基本相同。自攻螺钉、拉铆钉、射钉等与连接钢板应紧固密贴，外观排列整齐。

# 第二节　高强度螺栓连接

## 一、摩擦面处理

### 1. 实际案例展示

## 2. 施工要点

（1）摩擦面处理方法及抗滑移系数 高强度螺栓连接中，摩擦面的状态对连接接头的抗滑移承载力有很大的影响，因此摩擦面必须进行处理。常见的处理方法如下：

1）喷砂或喷丸处理。砂粒粒径为 1.2 ~ 1.4mm，喷射时间为 1 ~ 2min，喷射风压为 0.5MPa，处理完表面粗糙度可达 45 ~ 50μm。

2）喷砂后生赤锈处理。喷砂后放置于露天生锈 60 ~ 90d，表面粗糙度可达到 55μm，安装前应清除表面浮锈。

3）喷砂后涂无机富锌漆处理。

4）砂轮打磨。使用粗砂轮片与受力方向垂直打磨，在安装现场局部采用砂轮打磨摩擦面时，打磨范围不应小于螺栓孔径的 4 倍。打磨后置于露天生锈效果更好，表面粗糙度可达 50μm 以上，但离散性较大。

5）手工钢丝刷清理。使用钢丝刷将钢材表面的氧化皮等污物清理干净，该处理比较简便，但抗滑移系数较低，适用于次要结构和构件或局部处理。

6）摩擦面抗滑移系数。摩擦面的抗滑移系数由设计确定。现行国家标准《钢结构设计规范》（GB 50017—2003）规定的抗滑移系数值见表 3-1。

**表 3-1 摩擦面的抗滑移系数值**

| 处 理 方 法 | Q235 钢 | Q345 钢、Q390 钢 | Q420 钢 |
|---|---|---|---|
| 喷砂（丸） | 0.45 | 0.50 | 0.50 |
| 喷砂后涂无机富锌漆 | 0.35 | 0.40 | 0.40 |
| 喷砂后生赤锈 | 0.45 | 0.50 | 0.50 |
| 用钢丝刷清除浮锈或未经处理的干净轧制表面 | 0.30 | 0.35 | 0.40 |

7）钢结构制作和安装单位应按规范规定分别进行高强度螺栓连接摩擦面的抗滑移系数试验和复验，现场处理的构件摩擦面应单独进行摩擦面抗滑移系数试验，其结果应符合设计要求。

当试验或复验的构件其抗滑移系数值低于设计要求时，应分析原因，采取措施增大其摩擦系数，再对构件进行试验和复验，达到符合设计要求为止。

（2）接触面间隙处理 高强度螺栓连接的板叠接触面应平整。对因板厚公差、制造偏差或安装偏差等产生的接触面间隙（$t$），应按表 3-2 规定进行处理。

**表 3-2 接触面间隙处理**

| 序号 | 示 意 图 | 处 理 方 法 |
|---|---|---|
| 1 | | $t < 1.0$mm 时可不予处理 |
| 2 | 磨斜面 | $t = 1.0 ~ 3.0$mm 时将厚板的一侧磨成 1:10 的缓坡，使间隙小于 1.0mm |
| 3 | | $t > 3.0$mm 时加垫板，垫板厚度不小于 3mm，最多不超过三层，垫板材质和摩擦面处理方法与构件相同 |

## 二、高强度螺栓安装

### 1. 实际案例展示

### 2. 高强度螺栓安装的一般要求

（1）临时螺栓　螺栓连接安装时，在每个节点上应先穿入临时螺栓和冲钉，临时螺栓和冲钉的数量应根据安装时所承受的荷载计算确定，并应符合下列规定：

1）不应少于安装孔总数的1/3。

2）临时螺栓不应少于2个。

3）冲钉穿入数量不宜多于临时螺栓的30%。

4）钻后的A、B级螺栓孔不得使用冲钉。

5）不准用高强度螺栓作临时螺栓。

（2）安装高强度螺栓　安装高强度螺栓时，严禁强行穿入（如用锤敲打）。如不能自由穿入时，应用锉刀或绞刀进行修孔，修整后孔的最大直径不应超过1.2倍螺栓直径。修孔时，为了防止铁屑落入板叠缝中，铰孔前应将四周螺栓全部拧紧，使板叠密贴后再进行。严禁气割扩孔。

　　高强度螺栓安装应在结构构件找正找平后进行，其穿入方向应以施工方便为准，并力求一致。高强度螺栓连接副组装时，螺母带圆台面的一侧应朝向垫圈有倒角的一侧。高强度大六角头螺栓连接副组装时，螺栓头下垫圈有倒角的一侧应朝向螺栓头。

　　（3）高强度螺栓紧固　高强度螺栓紧固一般分初拧和终拧两次进行，这是由于接头连接板一般都会有些翘曲不平、板面之间不密贴，接头上先紧固的螺栓就有一部分预拉力损耗在钢板的变形上，当邻近螺栓拧紧使板缝消失后，先紧固的螺栓就会松弛，预拉力就会减少甚至消失。为使接头上各螺栓受力均匀，一般规定高强度螺栓紧固至少分两次进行；对于大型螺栓群或接头刚度较大、钢板较厚的节点，应分为初拧、复拧和终拧三次紧固。高强度螺栓的初拧、复拧和终拧应在同一天完成。

　　（4）紧固顺序　初拧、复拧和终拧应按照一定顺序进行，由于连接板的不平，随意紧固或从一端或两端开始紧固，会使接头产生附加内力，也可能造成摩擦面空鼓，影响摩擦力的传递。紧固顺序应从接头刚度较大的部位向约束较小的方向、从栓群中心向四周顺序进行。具体为：

　　1）一般接头应从接头中心顺序向两端进行，如图 3-1 所示。

　　2）箱形接头应按图 3-2 所示 A、B、C、D 的顺序进行。

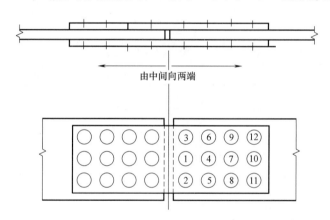

图 3-1　一般接头螺栓紧固顺序

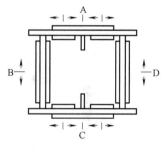

图 3-2　箱形接头

　　3）工字梁接头栓群应按图 3-3 所示①～⑥顺序进行。

　　4）工字形柱对接螺栓紧固顺序为先翼缘后腹板。

　　5）两个接头栓群的拧紧顺序应为先主要构件接头，后次要构件接头。

### 3. 大六角头高强度螺栓连接

　　1）大六角头高强度螺栓连接副由一个大六角头螺栓、一个螺母和两个垫圈组成，使用组合应符合表 3-3 规定。

　　2）大六角头高强度螺栓紧固扭矩取值：

　　初拧：初拧扭矩一般为终拧扭矩值的 50%

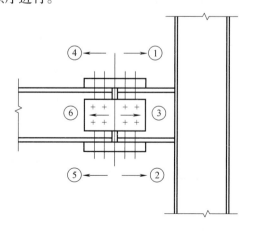

图 3-3　工字梁接头螺栓紧固顺序

左右，若钢板厚度较大、螺栓间距较大时，初拧扭矩宜大一些为好。

复拧：复拧扭矩值取等于初拧扭矩值。

终拧：终拧扭矩由下式计算：

$$T_c = KP_c d \tag{3-1}$$

式中　$T_c$——终拧扭矩值（N·m）；

　　　$P_c$——施工预拉力标准值（kN），见表3-4；

　　　$d$——螺栓公称直径（mm）；

　　　$K$——扭矩系数，按式（3-2）确定。

表3-3　大六角头高强度螺栓连接副组合

| 螺　栓 | 螺　母 | 垫　圈 |
|---|---|---|
| 10.9s | 10H | HRC35～45 |
| 8.8s | 8H | HRC35～45 |

注：s、H、HRC 分别是螺栓、螺母、垫圈的性能等级。

表3-4　高强度螺栓连接副施工预拉力标准值　　　　　　（单位：kN）

| 螺栓性能等级 | 螺栓公称直径/mm | | | | | |
|---|---|---|---|---|---|---|
| | 16 | 20 | 22 | 贡24 | 27 | 30 |
| 8.8s | 75 | 120 | 150 | 170 | 225 | 275 |
| 10.9s | 110 | 170 | 210 | 250 | 320 | 390 |

3）扭矩系数 $K$ 的确定（通过试验）。复验用的螺栓应在施工现场待安装的螺栓批中随机抽取，每批应抽取 8 套连接副进行复验。

连接副扭矩系数复验用的计量器具应在试验前进行标定，误差不得超过 2%。

进行连接副扭矩系数试验时，应同时记录环境温度。试验所用的机具、仪表及连接副在该环境内应至少 2h 以上。

每套连接副只应做一次试验，不得重复使用。

组装连接副时，螺母下的垫圈有倒角的一侧应朝向螺母支承面。在紧固中垫圈发生转动时，应更换连接副，重新试验。

连接副的扭矩系数复验在轴力计（或测力环）上进行。将螺栓穿入轴力计，在测出螺栓预拉力 $P$ 的同时，应测定施加于螺母上的施拧扭矩值 $T$，并按下式计算扭矩系数 $K$。

$$K = \frac{T}{Pd} \tag{3-2}$$

式中　$T$——施加的扭矩值（N·m）；

　　　$d$——螺栓公称直径（mm）；

　　　$P$——试验时测出的预拉力（kN），应符合表3-5的规定。

表3-5　实测螺栓预拉力值范围　　　　　　（单位：kN）

| 螺栓性能等级 | 16 | 20 | 22 | 24 | 27 | 30 |
|---|---|---|---|---|---|---|
| 8.8s | 62～78 | 100～120 | 125～150 | 140～170 | 185～225 | 230～275 |
| 10.9s | 93～113 | 142～177 | 175～215 | 206～250 | 265～324 | 325～390 |

施拧扭矩 $T$ 是施加在螺母上的扭矩，其误差不得大于测试扭矩值的 1%。使用的扭矩扳手的示值应在 9.8N·m 以下。

螺栓预拉力 $P$ 用轴力计（或测力环）测定，其误差不得大于测定螺栓预拉力值的 2%。轴力计的示值应在测定轴力值的 1% 以下。

螺栓预拉力值应控制在表 3-5 所规定的范围内，超出该范围者，所测得的扭矩系数无效。

按式（3-2），每组 8 套连接副扭矩系数 $K$ 的平均值应为 0.110 ~ 0.150，标准偏差应小于或等于 0.010。

4）大六角头高强度螺栓初拧或复拧应做好标记，防止漏拧。一般初拧或复拧后标记用一种颜色，终拧结束后用另一种颜色，加以区别。

5）凡是结构原因，使个别大六角头高强度螺栓穿入方向不能一致，当拧紧螺栓时，只准在螺母上施加扭矩，不准在螺杆上施加扭矩，防止扭矩系数发生变化。

6）大六角头高强度螺栓施拧采用的扭矩扳手应进行校准，且均在规定的校准有效期内使用。

7）大六角头高强度螺栓终拧结束后，采用 0.3 ~ 0.5kg 的小锤逐个敲击，以防漏拧。

8）终拧扭矩检查。对每个节点螺栓数的 10%（但不少于 1 个）进行扭矩检验。检验方法：在螺尾端头和螺母相对位置划线，将螺母退回 60° 左右，用扭矩扳手测定拧回至原来位置时的扭矩值。该扭矩值与施工扭矩值的偏差在 10% 以内为合格。

### 4. 扭剪型高强度螺栓连接

1）扭剪型高强度螺栓连接副由一个螺栓、一个螺母和一个垫圈组成。

2）紧固原理。扭剪型高强度螺栓与大六角头高强度螺栓连接在材料、力学性能、连接性能等方面基本相同，而外形、预拉力的控制方法和施工工具有所不同。扭剪型高强度螺栓在螺纹的尾部多一个梅花头和环形切口（切口的深度和大小是经计算确定的），属自标量型，它的拧紧是用一种特殊专用电动扳手，扳手设有内外两个大小不同，而方向相反转动的套筒，内套筒套在梅花头上，外套筒套在螺母上。施拧时，电动扳手的两个套筒对梅花头和螺母同时用力反方向旋转，梅花头承受紧固螺母所产生的反扭矩，环形切口处承受纯剪切力，则内外套筒的扭矩相等，方向相反，当加于螺母的扭矩增加到切口扭断力矩时，此时螺栓已达到规定的预拉力值，切口断裂，梅花头脱落，即拧紧过程完毕。

3）扭剪型高强度螺栓连接副的预拉力复验。

4）扭剪型高强度螺栓的拧紧应分为初拧、终拧。

初拧扭矩值 $T_0$ 按下式计算：

$$T_0 = 0.065 P_c d \tag{3-3}$$

式中　$P_c$——高强度螺栓施工预拉力标准值，见表 3-4；

　　　$d$——高强度螺栓公称直径（mm）。

初拧扭矩也可参照表 3-6 选用。初拧后的高强度螺栓应用颜色在螺母上涂上标记。终拧用专用电动扳手进行，直至拧掉螺栓尾部梅花头。对于个别不能用专用扳手进行终拧的扭剪型高强度螺栓，应按大六角头高强度螺栓用扭矩法进行终拧。

表 3-6　扭剪型高强度螺栓连接副初拧扭矩值　　　　　　（单位：kN）

| 螺栓直径 $d$/mm | 16 | 20 | 22 | 24 |
|---|---|---|---|---|
| 初拧扭矩 $T_0$/(N·m) | 115 | 220 | 300 | 390 |

5）扭剪型高强度螺栓终拧结束后，应以目测尾部梅花头拧掉为合格。

# 第四章 钢零件及钢部件加工工程

## 第一节 切 割

### 一、放样、号料

#### 1. 实际案例展示

#### 2. 放样

1）放样前要熟悉施工图样，并逐个核对图样之间的尺寸和相互关系。以 1:1 的比例放出实样，制成样板（样杆）作为下料、成型、边缘加工和成孔的依据。

2）样板一般用 0.50~0.75mm 的薄钢板制作。样杆一般用扁钢制作。当长度较短时可用木杆。样板精度要求见表 4-1。

表 4-1 样板精度要求

| 项 目 | 平行线距离和分段尺寸 | 宽、长度 | 孔距 | 两对角线差 | 加工样板的角度 |
|---|---|---|---|---|---|
| 偏差极限 | ±0.5mm | ±0.5mm | ±0.5mm | 1.0mm | ±20′ |

3）样板（样杆）上应注明工号、零件号、数量及加工边、坡口部位、弯折线和弯折方向、孔径和滚圆半径等。样板（样杆）妥为保存，直至工程结束方可销毁。

4）放样时，要边缘加工的工件应考虑加工预留量，焊接构件要按规范要求放出焊接收缩量。由于边缘加工时常成叠加工，尤其当长度较大时不易对齐，所有加工边一般要留加工余量 2 ~ 3mm。

刨边时的加工工艺参数见表 4-2。

表 4-2　刨边时的加工工艺参数

| 钢材性质 | 边缘加工形式 | 钢板厚度/mm | 最小余量/mm |
|---|---|---|---|
| 低碳结构钢 | 剪断机剪或切割 | ≤16 | 2 |
| 低碳结构钢 | 气　割 | >16 | 3 |
| 各种钢材 | 气　割 | 各种厚度 | >3 |
| 优质高强度低合金钢 | 气　割 | 各种厚度 | >3 |

### 3. 号料

1）以样板（样杆）为依据，在原材料上划出实际图形，并打上加工记号。

2）根据配料表和样板进行套裁，尽可能节约材料。

3）当工艺有规定时，应按规定的方向取料。

4）操作人员画线时，要根据材料厚度和切割方法留出适当的切割余量。气割下料的切割余量参见表 4-3。

表 4-3　切割余量

| 材料厚度/mm | 切割余量/mm | 材料厚度/mm | 切割余量/mm |
|---|---|---|---|
| ≤10 | 1 ~ 2 | 20 ~ 40 | 3.0 |
| 10 ~ 20 | 2.5 | 40 以上 | 4.0 |

5）号料的允许偏差应符合表 4-4 的规定。

表 4-4　号料的允许偏差

| 项　　目 | 允许偏差/mm | 项　　目 | 允许偏差/mm |
|---|---|---|---|
| 零件外形尺寸 | ±1.0 | 孔　距 | ±0.5 |

## 二、机械切割

### 1. 实际案例展示

## 2. 施工要点

1）切割下料时，根据钢材截面形状、厚度以及切割边缘质量要求的不同可以采用机械切割法、气割法或等离子切割法。

2）在钢结构制造厂，一般情况下钢板厚度 12mm 以下的直线性切割常采用机械剪切。气割多数是用于带曲线的零件和厚板的切割。各类中小规格的型钢和钢管一般采用机械切割，较大规格的型钢和钢管可采用气割的方法。等离子切割主要用于不锈钢材料及有色金属切割。

## 3. 机械切割注意事项

1）变形的型钢应预先经过矫直，方可进行锯切。

2）所选用的设备和锯片规格，必须满足构件所要求的加工精度。

3）单个构件锯切，先划出号料线，然后对线锯切。号料时，需留出锯槽宽度（锯槽宽度为锯片厚度 +0.5～1.0mm）。成批加工的构件，可预先安装定位挡板进行加工。

4）加工精度要求较高的重要构件，应考虑留放适当的精加工余量，以供锯割后进行端面精加工。

## 4. 机械剪切的允许偏差

机械剪切的允许偏差应符合表 4-5 的规定。

**表 4-5　机械剪切的允许偏差**　　　　　　　　（单位：mm）

| 项　目 | 允许偏差 | 项　目 | 允许偏差 |
|---|---|---|---|
| 零件宽度、长度 | ±3.0 | 型钢端部垂直度 | 2.0 |
| 边缘缺棱 | 1.0 | | |

# 三、气割

## 1. 实际案例展示

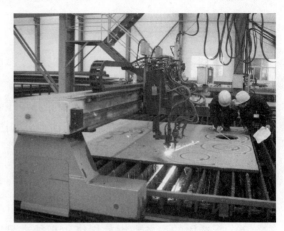

## 2. 气割施工要点

气割原则上采用自动切割机，也可以使用半自动切割机和手工切割，气体可为氧乙炔、丙烷、碳-3 气及混合气等。

1）气割前，钢材切割区域表面的铁锈、污物等清除干净，并在钢材下面留出一定的空间，以利于熔渣的吹出。气割时，割矩的移动应保持匀速，被切割件表面距离焰心尖端以 2～5mm 为宜。距离太近，会使切口边沿熔化；太远了热量不足，易使切割中断。

2）气割时，气压要稳定；压力表、速度计等正常无损；机体行走平稳，使用轨道时要保证平直和无振动；割嘴的气流畅通，无污损；割矩的角度和位置准确。

3）气割时，大型工件的切割，应先从短边开始；在钢板上切割不同尺寸的工件时，应先割小件，后割大件；在钢板上切割不同形状的工件时，应先割较复杂的，后割较简单的；窄长条形板的切割，长度两端留出 50mm 不割，待割完长边后再割断，或者采用多割炬的对称气割的方法。

4）气割时应正确选择割嘴型号、氧气压力、气割速度和预热火焰的能率等工艺参数。工艺参数的选择主要是根据气割机械的类型和切割的钢板厚度。表 4-6、表 4-7 和表 4-8 分别为氧、乙炔切割，氧、丙烷切割的工艺参数和切嘴倾角与割件厚度的关系。

**表 4-6 氧、乙炔切割工艺参数**

| 切割板厚度/mm | | | < 10 | 10～20 | 20～30 | 30～50 | 50～100 |
|---|---|---|---|---|---|---|---|
| 切割氧孔直径/mm | 自动、半自动 | | 0.5～1.5 | 0.8～1.5 | 1.2～1.5 | 1.7～2.1 | 2.1～2.2 |
| | 手工 | | 0.6 | 0.8 | 1.0 | 1.3 | 1.6 |
| 割嘴型号 | 手工 | | C01-30 | C01-30 | C01-30<br>C01-100 | C01-100 | C01-100 |
| 割嘴号码 | 自动、半自动 | | 1 | 1 | 2 | 2、3 | 3 |
| | 手 工 | | 1 | 2 | 3、1、2 | 2 | 3 |
| 气体压力/(N/mm²) | 氧 气 | 自动、半自动 | 0.1～0.3 | 0.15～0.34 | 0.19～0.37 | 0.16～0.41 | 0.16～0.41 |
| | | 手 工 | 0.1～0.49 | 0.39～0.59 | 0.59～0.69 | 0.59～0.69 | 0.59～0.78 |
| | 乙 炔 | 自动、半自动 | 0.02 | 0.02 | 0.02 | 0.02 | 0.04 |
| | | 手 工 | | 0.001～0.12 | 0.001～0.12 | | |

（续）

| 切割板厚度/mm | | | <10 | 10~20 | 20~30 | 30~50 | 50~100 |
|---|---|---|---|---|---|---|---|
| 气体流量 | 氧　气 /(m³/h) | 自动、半自动 | 0.5~3.3 | 1.8~4.5 | 3.7~4.9 | 5.2~7.4 | 5.2~10.9 |
| | | 手　工 | 0.8 | 1.4 | 2.2 | 3.5~4.3 | 5.5~7.3 |
| | 乙炔 /(L/h) | 自　动 | 0.14~0.31 | 0.23~0.43 | 0.39~0.45 | 0.39~0.57 | 0.45~0.74 |
| | | 手　工 | 210 | 240 | 310 | 460~500 | 550~600 |
| 气割速度 /(mm/min) | 自　动 | | 450~800 | 360~600 | 350~480 | 250~380 | 160~350 |
| | 半　自　动 | | 500~600 | 500~600 | 400~500 | 400~500 | 200~400 |

**表 4-7　氧、丙烷切割工艺参数**

| 切割板厚度/mm | | <10 | 10~20 | 20~30 | 30~40 | 40~50 | 50~60 |
|---|---|---|---|---|---|---|---|
| 气体压力 /(N/mm²) | 氧气 | 0.69~0.78 | 0.69~0.78 | 0.69~0.78 | 0.69~0.78 | 0.69~0.78 | 0.69~0.78 |
| | 丙烷 | 0.02~0.03 | 0.03~0.04 | 0.04 | 0.04~0.05 | 0.04~0.05 | 0.05 |
| 切割速度 /(mm/min) | | 400~500 | 400~500 | 400~420 | 350~400 | 350~400 | 200~350 |
| 割嘴与钢板距离 | | 预热焰的3/4 | 预热焰的3/4 | 预热焰的3/4 | 预热焰的3/4 | 预热焰的3/4 | 预热焰的3/4 |

**表 4-8　切嘴倾角与割件厚度的关系**

| 割件厚度/mm | <6 | 6~30 | >30 | | |
|---|---|---|---|---|---|
| | | | 起割 | 割穿后 | 停割 |
| 倾角方向 | 后倾 | 垂直 | 前倾 | 垂直 | 后倾 |
| 倾角度数 | 25°~45° | 0° | 5°~10° | 0° | 5°~10° |

5）气割的允许偏差应符合表 4-9 的规定。

**表 4-9　气割的允许偏差**　　　　　　　　　（单位：mm）

| 项　　目 | 允 许 偏 差 | 项　　目 | 允 许 偏 差 |
|---|---|---|---|
| 零件宽度、长度 | ±3.0 | 割纹深度 | 0.3 |
| 切割面平面度 | 0.05t，且不应大于2.0 | 局部缺口深度 | 1.0 |

注：t 为切割面厚度。

# 四、等离子切割

## 1. 实际案例展示

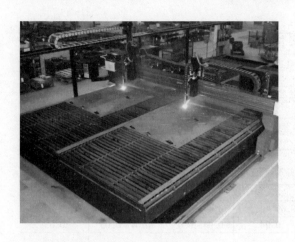

### 2. 等离子切割施工要点

等离子切割是应用特殊的割矩，在电流、气流及冷却水的作用下，产生高达20000～30000℃的等离子弧熔化金属而进行切割的设备。

1）等离子切割的回路采用直流正接法，即工件接正，钨极接负，减少电极的烧损，以保证等离子弧的稳定燃烧。

2）手工切割时不得在切割线上引弧，切割内圆或内部轮廓时，应先在板材上钻出$\phi 12 \sim \phi 16$的孔，切割由孔开始进行。

3）自动切割时，应调节好切割参数和小车行走速度。切割过程中要保持割轮与工作垂直，避免产生熔瘤，保证切割质量。

# 第二节  矫正和成型

## 一、矫正

### 1. 实际案例展示

## 2. 施工要点

1）钢结构制作中矫正可视变形大小、制作条件、质量要求采用冷矫正或热矫正方法。

2）冷矫正：应采用机械矫正。冷矫正一般应在常温下进行。碳素结构钢在环境温度（现场温度）低于 –16℃，低合金结构钢低于 –12℃时，不得进行冷矫正。用手工锤击矫正时，应采取在钢材下面加放垫锤等措施。

3）热矫正：用冷矫正有困难或达不到质量要求时，可采用热矫正。

① 火焰矫正常用的加热方法有点状加热、线状加热和三角形加热三种。点状加热根据结构特点和变形情况，可加热一点或数点。线状加热时，火焰沿直线移动或同时在宽度方向做横向摆动，宽度一般约是钢材厚度的 0.5 ~ 2 倍，多用于变形量较大或刚性较大的结构。三角形加热的收缩量较大，常用于矫正厚度较大、刚性较强构件的弯曲变形。

② 低碳钢和普通低合金钢的热矫正加热温度一般为 600 ~ 900℃，800 ~ 900℃是热塑性变形的理想温度，一般不应超 900℃。中碳钢一般不用火焰矫正。

③ 矫正后，钢材表面不应有明显的凹面或损伤，划痕深度不得大于 0.5mm。

4）钢材矫正后的允许偏差应符合表 4-10 的规定。

表 4-10　钢材矫正后的允许偏差　　（单位：mm）

| 项目 | | 允许偏差 | 图　例 |
|---|---|---|---|
| 钢板的局部平面度 | $t \leqslant 14$ | 1.5 | |
| | $t > 14$ | 1.0 | |
| 型钢弯曲矢高 | | 1/1000 且不应大于 5.0 | |

（续）

| 项　目 | 允许偏差 | 图　例 |
|---|---|---|
| 角钢肢的垂直度 | b/100 双肢栓接角钢的角度不得大于90° | |
| 槽钢翼缘对腹板的垂直度 | b/80 | |
| 工字钢、H型钢翼缘对腹板的垂直度 | b/100 且不大于2.0 | |

# 二、成型

## 1. 实际案例展示

煨弯

## 2. 施工要点

1）在钢结构制作中，成型的主要方法有卷板（滚圈）、弯曲（煨弯）、折边和模具压制等。成型是由热加工或冷加工来完成的。

2）热加工时所要求的加热温度，对于低碳钢一般在 1000～1100℃。热加工终止温度不应低于 700℃。加热温度过高，加热时间过长，都会引起钢材内部组织的变化，破坏原材料的机械性能。加热温度在 500～550℃时，钢材产生脆性。在这个温度范围内，严禁锤打，否则，容易使部件断裂。

3）冷加工是利用机械设备和专用工具进行加工。在低温时不宜进行冷加工。对于普通碳素结构钢在环境温度低于 -16℃，低合金结构钢在环境温度低于 -12℃时，不得进行冷矫正。

4）型材弯曲方法有冷弯、热弯，并应按型材的截面形状、材质、规格及弯曲半径制作相应的胎具，进行弯曲加工。

① 型材冷弯加工时，其最小曲率半径和最大弯曲矢高应符合设计要求。制作冷压弯和冷拉弯胎具时，应考虑材料的回弹性。胎具制成后，应先用试件制作，确认符合要求后方可

正式加工。

② 型材热弯曲加工时，应严格控制加热温度，满足工艺要求，防止因温度过高而使胎具变形。

5）冷矫正和冷弯曲的最小曲率半径和最大弯曲矢高应符合表 4-11 的规定。

表 4-11　冷矫正和冷弯曲的最小曲率半径和最大弯曲矢高　　　（单位：mm）

| 钢材类别 | 图　例 | 对应轴 | 矫　正 | | 弯　曲 | |
| --- | --- | --- | --- | --- | --- | --- |
| | | | $r$ | $f$ | $r$ | $f$ |
| 钢板扁钢 | | $x-x$ | $50t$ | $\dfrac{l^2}{400t}$ | $25t$ | $\dfrac{l^2}{200t}$ |
| | | $y-y$（仅对扁钢轴线） | $100b$ | $\dfrac{l^2}{800b}$ | $50b$ | $\dfrac{l^2}{400b}$ |
| 角钢 | | $y-y$ | $90b$ | $\dfrac{l^2}{720b}$ | $45b$ | $\dfrac{l^2}{360b}$ |
| 钢板扁钢 | | $x-x$ | $50h$ | $\dfrac{l^2}{400h}$ | $25h$ | $\dfrac{l^2}{200h}$ |
| | | $y-y$ | $90b$ | $\dfrac{l^2}{720b}$ | $45b$ | $\dfrac{l^2}{360b}$ |
| 角钢 | | $x-x$ | $50h$ | $\dfrac{l^2}{400h}$ | $25h$ | $\dfrac{l^2}{200h}$ |
| | | $y-y$ | $50b$ | $\dfrac{l^2}{400b}$ | $25b$ | $\dfrac{l^2}{200b}$ |

注：$r$ 为曲率半径；$f$ 为弯曲矢高；$l$ 为弯曲弦长；$t$ 为钢板厚度。

# 第三节　边　缘　加　工

## 1. 实际案例展示

## 2. 施工要点

1）边缘加工方法有：采用刨边机（刨床）刨边，端面铣床铣边，型钢切割机切边，气割机切割坡口，坡口机坡口等方式。

2）坡口形式和尺寸应根据图样和构件的焊接工艺进行。除机械加工方法外，可采用气割或等离子弧切割方法，用自动或半自动气割机切割。

3）当用气割方法切割碳素钢和低碳合金钢的坡口时，对屈服强度小于 $400\mathrm{N/mm^2}$ 的钢材，应将坡口上的熔渣氧化层等清除干净，并将影响焊接质量的凹凸不平处打磨平整；对屈服强度大于或等于 400N/mm$^2$ 的钢材，应将坡口表面及热影响区用砂轮打磨，除净硬层。

4）当用碳弧气割方法加工坡口或清焊根时，刨槽内的氧化层、淬硬层或铜迹必须彻底打磨干净。

5）刨边使用刨边机，需切削的板材固定在作业台上，由安装在移动刀架上的刨刀来切削板材的边缘。刨边加工的余量随钢材的厚度、钢板的切割方法的不同而不同，一般的刨边加工余量为 2 ~ 4mm。

6）铣边利用滚铣切削原理，对钢板焊前的坡口、斜边、直边、U 形边能同时一次铣削成形，比刨边提高工效 1.5 倍，且能耗少，操作维修方便。

7）边缘加工允许偏差应符合表 4-12 的规定。

表 4-12　边缘加工的允许偏差　　　　　　　　　（单位：mm）

| 项　目 | 允　许　偏　差 |
|---|---|
| 零件宽度、长度 | ±1.0 |
| 加工边直线度 | 1/3000，且不应大于 2.0 |
| 相邻两边夹角 | ±6′ |
| 加工面垂直度 | 0.025$t$，且不应大于 0.5 |
| 加工面表面粗糙度 | 50 |

# 第四节　管、球加工

## 一、球加工及检验

### 1. 实际案例展示

## 2. 施工要点

1）网架结构的节点形式有螺栓球、焊接球等。螺栓球由钢球、高强度螺栓、销子、套筒、锥头和封板组成（如图4-1所示）。一般由专业厂生产，现场组装。螺栓球的画线与加工，需要经过平面加工、角度划分、钻孔、攻丝、检验等一系列工艺。螺栓球热锻成型，外观质量不得有裂纹、叠皱、过烧，氧化皮应清除。

2）焊接球为空心球体，由两个半球拼接对焊而成。焊接球分不加肋和加肋两

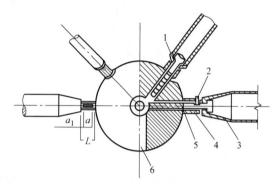

图4-1　螺栓球组成

1—封板　2—销子　3—锥头　4—套筒　5—螺栓　6—钢球

类（如图4-2和图4-3所示）。钢网架重要节点一般均为加肋焊接球，加肋形式有加单肋，垂直双肋等。所以加肋圆球组装前，还应加肋、焊接。注意加肋高度不应超过球内表面，以免影响拼装。

① 焊接球下料时控制尺寸，并应放出适当余量。

② 焊接球材料用加热炉加热到600～900℃的适当温度，放到半圆胎具内，逐步压制成半圆形球，采取均匀加热的措施，压制时氧化皮应及时清理，半圆球在胎具内应能变换位置。

③ 半圆球成型后，从胎具上取出冷却，对半圆球用样板修正，应留出拼接余量。

④ 半圆球修正、切割以后，应在连接处打坡口，坡口角度与形式应符合设计要求。

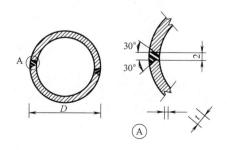

图4-2　不加肋的焊接球

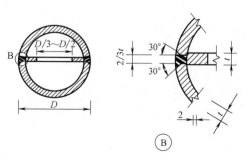

图4-3　加肋的焊接球

⑤ 圆球拼装时，应有胎具，保证拼装质量。

⑥ 焊接球拼接为全熔透焊缝，焊缝质量等级为二级。拼好的圆球放在焊接胎具上，胎具两边各打一个小孔固定圆球，并能慢慢旋转。圆球旋转一圈，调整各项焊接参数，用埋弧焊（也可以用气体保护焊）对焊接球进行多层多道焊接，直至焊缝填平为止。

⑦ 焊缝外观要求光滑，不得有裂纹、折皱，焊缝余高符合要求，检查合格后，应在 24h 之后对钢球焊缝进行超声波探伤检查。

3) 螺栓球加工的允许偏差应符合表 4-13 的规定。

**表 4-13 螺栓球加工的允许偏差** （单位：mm）

| 项 目 | | 允许偏差 | 检验方法 |
|---|---|---|---|
| 圆 度 | $D \leqslant 120$ | 1.5 | 用卡尺和游标卡尺检查 |
| | $d > 120$ | 2.5 | |
| 同一轴线上的两铣平面平行度 | $d \leqslant 120$ | 0.2 | 用百分表 V 形块检查 |
| | $d > 120$ | 0.3 | |
| 铣平面距球中心距离 | | ±0.2 | 用游标卡尺检查 |
| 相邻两螺栓孔中心线夹角 | | ±30′ | 用分度头检查 |
| 两铣平面与螺栓孔轴线垂直度 | | 0.005$r$ | 用百分表检查 |
| 球毛坯直径 | $d \leqslant 120$ | +2.0<br>−1.0 | 用卡尺和游标卡尺检查 |
| | $d > 120$ | +3.0<br>−1.5 | |

4) 焊接球加工的允许偏差应符合表 4-14 的规定。

**表 4-14 焊接球加工的允许偏差** （单位：mm）

| 项 目 | 允 许 偏 差 | 检 验 方 法 |
|---|---|---|
| 直 径 | ±0.005$d$ ±2.5 | 用卡尺和游标卡尺检查 |
| 圆 度 | 2.5 | |
| 壁厚减薄量 | −0.13$t$，且不应大于 1.5 | 用卡尺和测厚仪检查 |
| 两半球对口错边 | 1.0 | 用套模和游标卡尺检查 |

# 二、杆件加工

## 1. 实际案例展示

### 2. 施工要点

1）网架球节点均采用钢管作杆件。杆件平面端采用机床下料，管口相贯线宜采用自动切管机下料。

2）杆件下料后应打坡口，焊接球杆件壁厚在 5mm 以下，可不开坡口，螺栓球杆件必须开坡口。

3）螺栓球节点杆件端面与封板或与锥头相连。杆件与封板组装要求：必须有定位胎具，保证组装杆件长度一致。杆件与锥头定位点焊后，检查坡口尺寸，杆件与锥头应双边各开30°坡口，并有 2～5mm 间隙，封板焊接应在旋转焊接支架上进行，焊缝应焊透、饱满、均匀一致，不咬肉。

4）杆件在组装前，应将相应的高强度螺栓埋入。埋入前，对高强度螺栓逐个进行硬度试验和外观质量检查，有疑义的高强度螺栓不能埋入，对埋入的高强度螺栓应做好保护。

5）焊接球节点杆件与球体直接对焊，管端面为曲线，一般应采用相贯线切割机下料，或按展开样板号料，气割后进行镗铣；对管口曲线放样时应考虑管壁厚度及坡口等因素。管口曲线应用样板检查，其间隙或偏差不大于1mm，管的长度应预留焊接收缩余量。

6）钢网架（桁架）用钢管杆件加工的允许偏差应符合表 4-15 的规定。

表 4-15　钢网架（桁架）用钢管杆件加工的允许偏差　　　　（单位：mm）

| 项　目 | 允许偏差 | 检验方法 |
| --- | --- | --- |
| 长　度 | ±1.0 | 用钢尺和百分表检查 |
| 端面对管轴的垂直度 | 0.005$r$ | 用百分表 V 形块检查 |
| 管口曲线 | 1.0 | 用套模和游标卡尺检查 |

## 第五节　制　　孔

### 1. 实际案例展示

## 2. 施工要点

1) 螺栓孔分为精制螺栓孔 (A、B 级螺栓孔—Ⅰ类孔) 和普通螺栓孔 (C 级螺栓孔—Ⅱ类孔)。精制螺栓孔的螺栓直径与孔等径，其孔的精度与孔壁表面粗糙度要求较高，一般先钻小孔，板叠组装后铰孔才能达到质量标准；普通螺栓孔包括高强度螺栓孔、半圆头铆钉孔等，孔径应符合设计要求。其精度与孔粗糙度比 A、B 级螺栓孔要求略低。

2) 制孔方法有两种：钻孔和冲孔。钻孔是在钻床等机械上进行，可以钻任何厚度的钢结构构件 (零件)。钻孔的优点是螺栓孔孔壁损伤较小，质量较好。

3) 当精度要求较高、板叠层数较多、同类孔较多时，可采用钻模制孔或预钻较小孔径，在组装时扩孔的方法，当板叠小于 5 层时，预钻小孔的直径小于公称直径一级 (3.0mm)；当板叠层数大于 5 层时，小于公称直径二级 (6.0mm)。

4) 钻透孔用平钻头，钻不透孔用尖钻头。当板叠较厚，直径较大，或材料强度较高时，则应使用可以降低切削力的群钻钻头，便于排屑和减少钻头的磨损。

5) 当批量大，孔距精度要求较高时，采用钻模。钻模有通用型、组合型和专用钻模。

6) 长孔可用两端钻孔中间氧割的办法加工，但孔的长度必须大于孔直径的 2 倍。

7) 冲孔。钢结构制造中，冲孔一般只用于冲制非圆孔及薄板孔。冲孔的孔径必须大于板厚。

8) 高强度螺栓孔应采用钻成孔。高强度螺栓连接板上所有螺栓孔，均应采用量规检查，其通过率为：

用比孔的公称直径小 1.0mm 的量规检查，每组至少应通过 85%；用比螺栓直径大 0.2 ~ 0.3mm 的量规检查，应全部通过。

按上述方法检查时，凡量规不能通过的孔，必须经施工图编制单位同意后，方可扩钻或补焊后重新钻孔。扩钻后的孔径不得大于原设计孔径 2.0mm。补焊时，应用与母材力学性能相当的焊条，严禁用钢块填塞。每组孔中补焊重新钻孔的数量不得超过 20%。处理后的孔应做好记录。

9) A、B 级螺栓孔 (Ⅰ类孔) 应具有 H12 的精度，孔壁表面粗糙度 $R_a$ 不应大于 12.5μm。其孔径的允许偏差应符合表 4-16 的规定。

C 级螺栓孔 (Ⅱ类孔)，孔壁表面粗糙度 $R_a$ 不应大于 25μm，其允许偏差应符合表 4-17 的规定。

表 4-16　A、B 级螺栓孔径的允许偏差　　　　　　　　　　(单位：mm)

| 序号 | 螺栓公称直径、螺栓孔直径 | 螺栓公称直径允许偏差 | 螺栓孔直径允许偏差 |
|---|---|---|---|
| 1 | 10 ~ 18 | 0.00<br>-0.21 | +0.18<br>0.00 |
| 2 | 18 ~ 30 | 0.00<br>-0.21 | +0.21<br>0.00 |
| 3 | 30 ~ 50 | 0.00<br>-0.25 | +0.25<br>0.00 |

**表 4-17　C 级螺栓孔径的允许偏差**　　　　　（单位：mm）

| 项　　目 | 允许偏差 |
|---|---|
| 直　　径 | +1.0<br>0.00 |
| 圆　　度 | 2.0 |
| 垂直度 | $0.03t$，且不应大于 2.0 |

10）螺栓孔孔距的允许偏差应符合表 4-18 的规定。

**表 4-18　螺栓孔孔距的允许偏差**　　　　　（单位：mm）

| 螺栓孔孔距范围 | 500 | 501～1200 | 1201～3000 | >3000 |
|---|---|---|---|---|
| 同一组内任意两孔距离 | ±1.0 | ±1.5 | — | — |
| 相邻两组的端孔间距离 | ±1.5 | ±2.0 | ±2.5 | ±3.0 |

注：1. 在节点中连接板与一根杆件相连的所有螺栓孔为一组。

　　2. 对接接头在拼接板一侧的螺栓孔为一组。

　　3. 在两相邻节点或接头间的螺栓孔为一组，但不包括上述两项所规定的螺栓孔。

　　4. 受弯构件翼缘上的连接螺栓孔，每米长度范围内的螺栓孔为一组。

# 第五章 钢构件组装工程

## 一、焊接 H 型钢

### 1. 实际案例展示

### 2. 施工要点

1）焊接 H 型钢应以一端为基准，使翼缘板、腹板的尺寸偏差累积到另一端。

2）腹板、翼缘板组装前，应在翼缘板上标志出腹板定位基准线。

3）焊接 H 型钢应采用 H 型钢组立机进行组装。

4）腹板定位采用定位点焊，应根据 H 型钢具体规格确定点焊焊缝的间距及长度；一般点焊焊缝间距为 300～500mm；焊缝长度为 20～30mm，腹板与翼缘板应顶紧，局部间隙不应大于 1mm。

5）H 型钢焊接一般采用自动或半自动埋弧焊。

6）机械矫正应采用 H 型钢翼缘矫正机对翼缘板进行矫正；矫正次数应根据翼板宽度、

厚度确定，一般为 1~3 次；使用的 H 型钢翼缘矫正机必须与所矫正的对象尺寸相符合。

7）当 H 型钢出现侧向弯曲、扭曲、腹板表面平整度达不到要求时，应采用火焰矫正法进行矫正。

8）焊接 H 型钢的允许偏差应符合表 5-1 的规定。

**表 5-1　焊接 H 型钢的允许偏差**　　　　　　　（单位：mm）

| 项目 | | 允许偏差 | 图例 |
|---|---|---|---|
| 截面高度 $h$ | $h < 500$ | ±2.0 | |
| | $500 < h < 1000$ | ±3.0 | |
| | $h > 1000$ | ±4.0 | |
| 截面宽度 $b$ | | ±3.0 | |
| 腹板中心偏移 | | 2.0 | |
| 翼缘板垂直度 $\Delta$ | | $b/100$，且不应大于 3.0 | |
| 弯曲矢高（受压构件除外） | | $l/1000$，且不应大于 10.0 | |
| 扭曲 | | $h/250$，且不应大于 5.0 | |
| 腹板局部平面度 $f$ | $f < 14$ | 3.0 | |

## 二、桁架组装

1）无论弦杆、腹杆，应先单肢拼配焊接矫正，然后进行大拼装。

2）支座、与钢柱连接的节点板等，应先小件组焊，矫平后再定位大拼装。

3）放拼装胎时放出收缩量，一般放至上限（跨度 $L \leqslant 24m$ 时放 5mm，$L > 24m$ 时放 8mm）。

4）对跨度大于等于18m的梁和桁架，应按设计要求起拱；对于设计没有做起拱要求的，但由于上弦焊缝较多，可以少量起拱（10mm 左右），以防下挠。

5）桁架的大拼装有胎模装配法和复制法（如图5-1 所示）两种。前者较为精确，后者则较快；前者适合大型桁架，后者适合一般中、小型桁架。

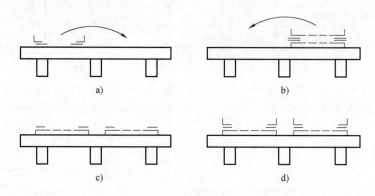

图 5-1　桁架装配复制楼示意图

a）在操作平台上先拼装好第一榀桁架，再翻身　b）第一榀桁架作胎模复制第二榀桁架，

然后再翻身、移位　c）、d）以前两榀桁架作胎模复制其他桁架

## 三、实腹梁组装

1）腹板应先刨边，以保证宽度和拼装间隙。

2）翼缘板进行反变形，装配时保持 $a_1 = a_2$，如图5-2 所示。翼缘板与腹板的中心偏移≤2mm。翼缘板与腹板连接侧的主焊缝部位50mm 以内先行清除油、锈等杂质。

3）点焊距离杆 200mm，双面点焊，并加撑杆，点焊高度为焊缝的2/3，且不应大于8mm，焊缝长度不宜小于25mm。

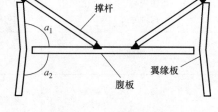

图 5-2　撑杆示意图

4）为防止梁下挠宜先焊下翼缘的主缝和横缝；焊完主缝，矫平翼缘，然后装加劲板和端板。

5）对于磨光顶紧的端部加劲角钢，宜在加工时把四支角钢夹在一起同时加工使之等长。

6）焊接连接组装的允许偏差应符合表5-2 的规定。

## 四、端部铣平及安装焊缝坡口

1）端部铣平的允许偏差应表5-3 符合的规定。

表 5-2　焊接连接组装的允许偏差　　　　　　　　　（单位：mm）

| 项　　目 | | 允 许 偏 差 | 图　　例 |
|---|---|---|---|
| 对口错边 $\Delta$ | | $t/10$，且不应大于 3.0 | |
| 间隙 $a$ | | $\pm 1.0$ | |
| 搭接长度 $a$ | | $\pm 5.0$ | |
| 缝隙 $\Delta$ | | 1.5 | |
| 高度 $h$ | | $\pm 2.0$ | |
| 垂直度 $\Delta$ | | $b/100$，且不应大于 3.0 | |
| 中心偏移 $e$ | | $\pm 2.0$ | |
| 型钢错位 | 连接处 | 1.0 | |
| | 其他处 | 2.0 | |
| 箱形截面高度 $h$ | | $\pm 2.0$ | |
| 宽度 $b$ | | $\pm 2.0$ | |
| 垂直度 $\Delta$ | | $b/200$，且不应大于 3.0 | |

**表 5-3　端部铣平的允许偏差**　　　　　　　　（单位：mm）

| 项　目 | 允许偏差 |
|---|---|
| 两端铣平时构件长度 | ±2.0 |
| 两端铣平时零件长度 | ±0.5 |
| 铣平面的平面度 | 0.3 |
| 铣平面对轴线的垂直度 | $t/1500$ |

2）安装焊缝坡口的允许偏差应符合表 5-4 的规定。

**表 5-4　安装焊缝坡口的允许偏差**

| 项　目 | 允许偏差 |
|---|---|
| 坡口角度 | ±5° |
| 钝　边 | ±1.0mm |

3）外露铣平面应防锈保护。

# 五、钢构件外形尺寸

1）钢构件外形尺寸主控项目的允许偏差应符合表 5-5 的规定。

**表 5-5　钢构件外形尺寸主控项目的允许偏差**　　　　（单位：mm）

| 项　目 | 允许偏差 |
|---|---|
| 单层柱、梁、桁架受力支托(支承面)表面至第一个安装孔距离 | ±1.0 |
| 多节柱铣平面至第一个安装孔距离 | ±1.0 |
| 实腹梁两端最外侧安装孔距离 | ±3.0 |
| 构件连接处的截面几何尺寸 | ±3.0 |
| 柱、梁连接处的腹板中心线偏移 | 2.0 |
| 受压构件(杆件)弯曲矢高 | $l/1000$，且不应大于10.0 |

2）钢构件外形尺寸一般项目的允许偏差应符合表 5-6～表 5-12 的规定。

**表 5-6　单层钢柱外形尺寸的允许偏差**　　　　（单位：mm）

| 项　目 | 允许偏差 | 检验方法 | 图　例 |
|---|---|---|---|
| 柱底面到柱端与桁架连接的最上一个安装孔距离 $l$ | ±$l/1500$<br>±15.0 | 且钢尺检查 | |
| 柱底面到牛腿支承面距离 $l_1$ | ±$l_1/2000$<br>±8.0 | | |
| 牛腿面的翘曲 Δ | 2.0 | | |
| 柱身弯曲矢高 | $H/1200$，且不应大于12.0 | 用拉线、直角尺和钢尺检查 | |

（续）

| 项 目 | | 允许偏差 | 检验方法 | 图 例 |
|---|---|---|---|---|
| 柱身扭曲 | 牛腿处 | 3.0 | 用拉线、吊线和钢尺检查 | |
| | 其他处 | 8.0 | | |
| 柱截面几何尺寸 | 连接处 | ±3.0 | 用钢尺检查 | |
| | 非连接处 | ±4.0 | | |
| 翼缘对腹板的垂直度 | 连接处 | 1.5 | 用直角尺和钢尺检查 | |
| | 其他处 | $b/100$，且不应大于5.0 | | |
| 柱脚底板平面度 | | 5.0 | 用1m直尺和塞尺检查 | |
| 柱脚螺栓孔中心对柱轴线的距离 | | 3.0 | 用钢尺检查 | |

**表5-7 多节钢柱外形尺寸的允许偏差** （单位：mm）

| 项 目 | | 允许偏差 | 检验方法 | 图 例 |
|---|---|---|---|---|
| 一节柱高度 $H$ | | ±3.0 | 用钢尺检查 | |
| 两端最外侧安装孔距离 $t_3$ | | ±2.0 | | |
| 铣平面到第一个安装孔距离 $a$ | | ±1.0 | | |
| 柱身弯曲矢高 $f$ | | $H/1500$，且不应大于5.0 | 用拉线和钢尺检查 | |
| 一节柱的柱身扭曲 | | $H/250$，且不应大于5.0 | 用拉线、吊线和钢尺检查 | |
| 牛腿端孔到柱轴线距离 $l_2$ | | ±3.0 | 用钢尺检查 | |
| 牛腿的翘曲或扭曲 $\Delta$ | $l_2 \leqslant 1000$ | 2.0 | 用拉线、直角尺和钢尺检查 | |
| | $l_2 > 1000$ | 3.0 | | |
| 柱截面尺寸 | 连接处 | ±3.0 | 用钢尺检查 | |
| | 非连接处 | ±4.0 | | |
| 柱脚底板平面度 | | 5.0 | 用直尺和塞尺检查 | |

（续）

| 项　目 | | 允许偏差 | 检验方法 | 图　例 |
|---|---|---|---|---|
| 翼缘板对腹板的垂直度 | 连接处 | 1.5 | 用直角尺和钢尺检查 | |
| | 其他处 | $b/100$，且不应大于 5.0 | | |
| 柱脚螺栓孔对柱轴线的距离 $a$ | | 3.0 | 用钢尺检查 | |
| 箱型截面连接处对角线差 | | 3.0 | | |
| 箱型柱身板垂直度 | | $h(b)/150$，且不应大于 5.0 | 用直角尺和钢尺检查 | |

**表 5-8　焊接实腹钢梁外形尺寸的允许偏差**　　　　（单位：mm）

| 项目 | | 允许偏差 | 检验方法 | 图　例 |
|---|---|---|---|---|
| 梁长度 $l$ | 端部有凸缘支座板 | 0　−5.0 | 用钢尺检查 | |
| | 其他形式 | $\pm l/2500$　$\pm 10.0$ | | |
| 端部高度 $h$ | $h \leqslant 2000$ | $\pm 2.0$ | | |
| | $h > 2000$ | $\pm 3.0$ | | |
| 拱度 | 设计要求起拱 | $\pm l/5000$ | 用拉线和钢尺检查 | |
| | 设计未要求起拱 | 10.0　−5.0 | | |
| 侧弯矢高 | | $l/2000$，且不应大于 10.0 | | |
| 扭曲 | | $h/250$，且不应大于 10.0 | 用拉线吊线和钢尺检查 | |

（续）

| 项　目 | | 允 许 偏 差 | 检 验 方 法 | 图　　例 |
|---|---|---|---|---|
| 腹板局部平面度 | $f \leqslant 14$ | 5.0 | 用1m直尺和塞尺检查 | |
| | $f > 14$ | 4.0 | | |
| 翼缘板对腹板的垂直度 | | $b/100$，且不应大于3.0 | 用直尺和钢尺检查 | |
| 吊车梁上翼缘与轨道接触面平面度 | | 1.0 | 用200mm、1m直尺和塞尺检查 | |
| 箱形截面对角线差 | | 5.0 | 用钢尺检查 | |
| 箱形截面两腹板至翼缘板中心线距离 $a$ | 连接处 | 1.0 | | |
| | 其他处 | 1.5 | | |
| 梁端板的平面度（只允许凹进） | | $h/500$，且不应大于2.0 | 用直角尺和钢尺检查 | |
| 梁端板与腹板的垂直度 | | $h/500$，且不应大于2.0 | 用直角尺和钢尺检查 | |

**表 5-9　钢桁架外形尺寸的允许偏差**　　　　　　　　（单位：mm）

| 项　目 | | 允许偏差 | 检验方法 | 图　例 |
|---|---|---|---|---|
| 桁架最外端两个孔或两端支承面最外侧距离 | $l \leqslant 24\text{m}$ | $+3.0$ $-7.0$ | 用钢尺检查 | |
| | $l > 24\text{m}$ | $+5.0$ $-10.0$ | | |
| 桁架跨中高度 | | $\pm 10.0$ | | |
| 桁架跨中拱度 | 设计要求起拱 | $\pm l/5000$ | | |
| | 设计未要求起拱 | $10.0$ $-5.0$ | | |
| 相邻节间弦杆弯曲（受压除外） | | $l/1000$ | | |
| 支承面到第一个安装孔距离 $a$ | | $\pm 1.0$ | 用钢尺检查 | |
| 檩条连接支座间距 | | $\pm 5.0$ | | |

**表 5-10　钢管构件外形尺寸的允许偏差**　　　　　　　（单位：mm）

| 项　目 | 允许偏差 | 检验方法 | 图　例 |
|---|---|---|---|
| 直径 $d$ | $\pm d/500$ $\pm 5.0$ | 用钢尺检查 | |
| 构件长度 $l$ | $\pm 3.0$ | | |
| 管口圆度 | $d/500$，且不应大于 $5.0$ | | |
| 管面对管轴的垂直度 | $d/500$，且不应大于 $3.0$ | 用焊缝量规检查 | |
| 弯曲矢高 | $l/1500$，且不应大于 $5.0$ | 用拉线、吊线和钢尺检查 | |
| 对口错边 | $t/10$，且不应大于 $3.0$ | 用拉线和钢尺检查 | |

注：对方矩形管，$d$ 为长边尺寸。

**表 5-11　墙架、檩条、支撑系统钢构件外形尺寸的允许偏差** 　　（单位：mm）

| 项　　目 | 允 许 偏 差 | 检 验 方 法 |
|---|---|---|
| 构件长度 $l$ | ±4.0 | 用钢尺检查 |
| 构件两端最外侧安装孔距离 $l_1$ | ±3.0 | |
| 构件弯曲矢高 | $l/1000$，且不应大于 10.0 | 用拉线和钢尺检查 |
| 截面尺寸 | +5.0<br>-2.0 | 用钢尺检查 |

**表 5-12　钢平台、钢梯和防护钢栏杆外形尺寸的允许偏差** 　　（单位：mm）

| 项目 | 允许偏差 | 检验方法 | 图　　例 |
|---|---|---|---|
| 平台长度和宽度 | ±5.0 | 用钢尺检查 | |
| 平台两对角线差 $\lvert l_1 - l_2 \rvert$ | 6.0 | | |
| 平台支柱高度 | ±3.0 | | |
| 平台支柱弯曲矢高 | 5.0 | 用拉线和钢尺检查 | |
| 平台表面平面度（1m 范围内） | 6.0 | 用 1m 直尺和塞尺检查 | |
| 梯梁长度 $l$ | ±5.0 | 用钢尺检查 | |
| 钢梯宽度 $b$ | ±5.0 | | |
| 钢梯安装孔距离 $a$ | ±3.0 | | |
| 钢梯纵向挠曲矢高 | $l/1000$ | 用拉线和钢尺检查 | |
| 踏步（棍）间距 | ±5.0 | 用钢尺检查 | |
| 栏杆高度 | ±5.0 | | |
| 栏杆立柱间距 | ±10.0 | 用钢尺检查 | |

# 第六章 钢构件预拼装工程

## 一、预拼装

### 1. 实际案例展示

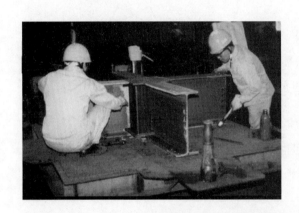

### 2. 施工要点

1）预拼装应在工厂支承凳或平台上进行。

2）钢结构构件的预拼装顺序及拼装单元应根据设计要求及结构形式确定，一般先主构件后次构件。门形钢架先将钢梁竖立拼装，矫正后再和钢柱在平面上进行拼装。

3）预拼装除进行各部位尺寸检查外，特别要对高强度螺栓或普通螺栓连接的多层板叠上的孔进行检查，检查方法应采用试孔器。板叠上组孔的通过率未达到要求时，应对孔进行修理。当错孔在 3.0mm 以内时，一般用铰刀、铣刀或锉刀扩孔，扩孔后孔径不得超过螺栓直径的 1.2 倍；当错孔超过 3.0mm 时，一般采用焊条焊补堵孔，并修磨平整，不得出现凹凸现象，焊条应采用与母材相匹配的低氢型焊条。严禁在孔内填塞钢块，用钢块填塞实际是假堵孔，将会造成严重后果，是绝对不允许的。

4）在进行尺寸检查时，构件应处于自由状态。所谓"自由状态"即在预拼装过程中可以用卡具、夹具、点焊、拉紧装置等临时固定构件，调整各部位尺寸后，在连接部位每组孔用不多于 1/3 且不少于两个普通螺栓固定，再拆除卡具、夹具、点焊、拉紧装置等临时固定。

5）预拼装完，经自检合格后，应请监理单位进行验收，并做好质量记录。

6）预拼装检查合格后，应标注中心线，控制基准线等标记，必要时应设置定位器。拼装好的构件应立即用油漆在明显部位编号，写明图号、构件号和件数，以便查找。

7）预拼装的允许偏差应符合表 6-1 的规定。

**表 6-1　钢构件预拼装的允许偏差**　（单位：mm）

| 构件类型 | 项目 | | 允许偏差 | 检验方法 |
|---|---|---|---|---|
| 多节柱 | 预拼装单元总长 | | ±5.0 | 用钢尺检查 |
| | 预拼装单元弯曲矢高 | | $l/1500$，且不应大于 10.0 | 用拉线和钢尺检查 |
| | 接口错边 | | 2.0 | 用焊缝量规检查 |
| | 预拼装单元柱身扭曲 | | $h/200$，且不应大于 5.0 | 用拉线、吊线和钢尺检查 |
| 梁、桁架 | 顶紧面至任一牛腿距离 | | ±2.0 | 用钢尺检查 |
| | 跨度最外两端安装孔或两端支承面最外侧距离 | | +5.0 <br> -10.0 | |
| | 接口截面错位 | | 2.0 | 用焊缝量规检查 |
| | 拱度 | 设计要求起拱 | $± l/5000$ | 用拉线和钢尺检查 |
| | | 设计未要求起拱 | $l/2000$ <br> 0 | |
| | 节点处杆件轴线错位 | | 4.0 | 画线后用钢尺检查 |
| 管构件 | 预拼装单元总长 | | ±5.0 | 用钢尺检查 |
| | 预拼装单元弯曲矢高 | | $l/1500$，且不应大于 10.0 | 用拉线和钢尺检查 |
| | 对口错边 | | $t/10$，且不应大于 3.0 | 用焊缝量规检查 |
| | 坡口间隙 | | +2.0 <br> -1.0 | |
| 构件平面总体预拼装 | 各楼层柱距 | | ±4.0 | 用钢尺检查 |
| | 相邻楼层梁与梁之间距离 | | ±3.0 | |
| | 各层间框架两对角线之差 | | $H/2000$，且不应大于 5.0 | |
| | 任意两对角线之差 | | $\Sigma H/2000$，且不应大于 8.0 | |

## 二、钢构件包装运输

### 1. 实际案例展示

### 2. 钢结构构件的包装

1）钢结构产品中的小件、零配件（一般是指安装螺栓、垫圈、连接板、接头角钢等重量在25kg以下者）应用箱装或捆扎，并应有装箱单。应在箱体上标明箱号、毛重、净重、构件名称、编号等。

2）木箱的箱体要牢固、防雨，下方要有铲车孔及能承受本箱总重的枕木，枕木两端要切成斜面，以便捆吊或捆运；重量一般不大于1t。

3）铁箱一般用于外地工程，箱体用钢板焊成，不易散箱，在安装现场箱体钢板可作为安装垫板、临时固定件。箱体外壳要焊上吊耳。

4）捆扎一般用于运输距离比较近的细长构件，如网架的杆件、屋架的拉条等。捆扎中每捆重量不宜过大，吊具不得直接钩在捆扎钢丝上。

5）如果钢结构产品随制作随即安装，其中小件和零配件，可不装箱，直接捆扎在钢结构主体的需要部位上，但要捆扎牢固，或用螺栓固定，且不影响运输和安装。

6）包装应在涂层干燥后进行，包装应保护构件涂层不受损伤，保证构件、零件不变形、不损坏、不散失。

### 3. 钢结构构件的运输

1）为避免在运输、装车、卸车和起吊过程中造成钢结构构件变形而影响安装，一般应设置局部加固的临时支撑。

2）根据钢结构构件的形状、重量及运输条件、现场安装条件，可采取总体制造、拆成单元运输或分段制造、分段运输的措施。

3）钢结构构件，一般采用陆路车辆运输或者铁路包车皮运输。

① 柱子构件长，可采用拖车运输。一般柱子采用两点支承，当柱子较长，两点支承不能满足受力要求时，可采用三点支承。

② 钢屋架可以用拖挂车平放运输，但要求支点必须放在构件节点处，而且要垫平、加固好。钢屋架还可以整榀或半榀挂在专用架上运输。

③ 实腹类构件多用大平板车辆运输。

④ 散件运输使用一般货运车，车辆的底盘长度可以比构件长度短1m，散件运输一般不需特别固定，只要能满足在运输过程中不产生过大的残余变形即可。

⑤ 对于成型大件的运输，可根据产品不同而选用不同车型。委托专业化大件运输公司运输时，与该运输公司共同确定车型。

⑥ 对于特大件钢结构产品，在加工制造以前就要与运输有关的各个方面取得联系，并得到认可，其中包括与公路、桥梁、电力，以及地下管道如煤气、自来水、下水道等有关方面的联系，还要查看运输路线、转弯道、施工现场等有无障碍物，并应制订专门的运输方案。

# 第七章　单层钢结构安装工程

## 第一节　基础和支承面

### 1. 实际案例展示

### 2. 施工要点

1）基础准备。基础准备包括轴线测量、基础支承面的准备、支承表面标高与水平度的检查、地脚螺栓和伸出支承面长度的量测等。安装前应进行检测，符合下列要求后办理交接验收。

① 基础混凝土强度达到设计要求。

② 基础周围回填夯实完毕。

③ 基础的轴线标志和标高基准点准确齐全。

④ 地脚螺栓位置应符合设计要求及其允许偏差应符合表7-1 的规定。

**表7-1　地脚螺栓（锚栓）尺寸的允许偏差**　　　　　　（单位：mm）

| 项　　　目 | 允许偏差 | 项　　　目 | 允许偏差 |
|---|---|---|---|
| 螺栓（锚栓）露出长度 | +30.0<br>0.0 | 螺纹长度 | +30.0<br>0.0 |

⑤ 基础表面应平整，二次浇灌处的基础表面应凿毛；地脚螺栓预留孔应清洁；地脚螺栓应完好无损。

2）当基础顶面或支座直接作为柱的支承面时，支承面标高及水平度应符合表7-2 的规定，同时要求支承面应平整，无蜂窝、孔洞、夹渣、疏松、裂纹及坑凸等外观缺陷。

**表7-2　支承面、地脚螺栓（锚栓）位置的允许偏差**　　　（单位：mm）

| 项　　　目 | | 允许偏差 |
|---|---|---|
| 支　承　面 | 标高 | ±3.0 |
| | 水平度 | $l/1000$ |
| 地脚螺栓（锚栓） | 螺栓中心偏移 | 5.0 |
| 预留孔中心偏移 | | 10.0 |

注：$l$ 为支承面长度。

3）当基础顶面有预埋钢板作为柱的支承面时，钢板顶面标高及水平度应符合表7-2 的规定，同时要求钢板表面应平整，无焊疤、飞溅及水泥砂浆等污物。

4）对钢柱脚和基础之间加钢垫板，再进行二次浇灌细石混凝土的基础，钢垫板应符合下列规定：

① 钢垫板面积应根据混凝土的强度等级、柱脚底板承受的荷载和地脚螺栓（锚栓）的紧固拉力计算确定。

钢垫板的面积推荐下式进行近似计算：

$$A = \frac{1000(Q_1 + Q_2)}{C} K \tag{7-1}$$

式中　$A$——钢垫板面积（$mm^2$）；

　$K$——安全系数，一般为 $3 \sim 5$；

　$Q_1$——二次浇筑前结构（建筑）重量及施工荷载等（kN）；

　$Q_2$——地脚螺栓紧固拉力（kN）；

　$C$——基础混凝土强度等级（$N/mm^2$）。

② 钢垫板应设置在靠近地脚螺栓（锚栓）的柱脚底板加劲板或柱肢下，每根地脚螺栓（锚栓）侧应设 $1 \sim 2$ 组垫板，每组垫板不得多于 5 块，垫板与基础顶面和柱脚底面的接触应平整、紧密。

③ 当采用成对斜垫板时，两块垫板斜度应相同，其叠合长度不应小于垫板长度的2/3。

④ 垫板边缘应清除飞边、毛刺、氧化铁渣，每组垫板之间应贴合紧密，钢柱校正、地脚螺栓（锚栓）紧固后，二次浇灌混凝土前，垫板与柱脚底板、垫板与垫板之间均应焊接固定。

5）当采用坐浆垫板时，应符合下列规定：

① 坐浆垫板设置位置、数量和面积，应根据无收缩砂浆的强度、柱脚底板承受的荷载和地脚螺栓（锚栓）的紧固拉力计算确定。

② 坐浆垫板的允许偏差应符合表7-3 的要求。

③ 采用坐浆垫板时，应采用无收缩砂浆混凝土，砂浆试块强度等级应高于基础混凝土

强度一个等级。砂浆试块的取样、制作、养护、试验和评定应符合现行国家标准《混凝土强度检验评定标准》（GB 50107—2010）的规定。

**表 7-3　坐浆垫板的允许偏差**　　　　　　　（单位：mm）

| 项　　目 | 允 许 偏 差 |
|---|---|
| 顶 面 标 高 | 0.0<br>−3.0 |
| 水 平 度 | $l/1000$ |
| 位　　置 | 20.0 |

注：$l$ 为支承面长度。

坐浆垫板是安装行业在近几年来所采用的一项重大革新工艺，它不仅可以减轻施工人员的劳动强度，提高工效，而且可以节约数量可观的钢材。坐浆垫板要承受结构的全部荷载。考虑到坐浆垫板设置后不可调节的特性，故对坐浆垫板的顶面标高要求较严格，规定误差为 −3.0~0mm。

6）采用杯口基础时，杯口尺寸的允许偏差应符合 7-4 的规定。

**表 7-4　杯口尺寸的允许偏差**　　　　　　　（单位：mm）

| 项　　目 | 允 许 偏 差 |
|---|---|
| 底 面 标 高 | 0.0<br>−5.0 |
| 杯口深度 $H$ | ±5.0 |
| 杯口垂直度 | $H/100$，且不应大于 10.0 |
| 位　　置 | 10.0 |

# 第二节　安装和校正

## 一、钢柱安装与校正

### 1. 实际案例展示

## 2. 吊装

钢柱的吊装一般采用自行式起重机,根据钢柱的重量和长度、施工现场条件,可采用单机、双机或三机吊装,吊装方法可采用旋转法、滑行法、递送法等。

钢柱吊装时,吊点位置和吊点数,根据钢柱形状、长度以及起重机性能等具体情况确定。

一般钢柱刚性都较好,可采用一点起吊,吊耳设在柱顶处,吊装时要保持柱身垂直,易于校正。对细长钢柱,为防止变形,可采用两点或三点起吊。

如果不采用焊接吊耳,直接在钢柱本身用钢丝绳绑扎时要注意两点:一是在钢柱四角做包角,以防钢丝绳刻断;二是在绑扎点处,为防止工字型钢柱局部受挤压破坏,可增设加强肋板;吊装格构柱,绑扎点处设支撑杆。

## 3. 就位、校正

1)柱子吊起前,为防止地脚螺栓螺纹损伤,宜用薄钢板卷成套筒套在螺栓上,钢柱就位后,取去套筒。柱子吊起后,当柱底距离基准线达到准确位置,指挥起重机下降就位,并拧紧全部基础螺栓,临时用缆风绳将柱子加固。

2)柱的校正包括平面位置、标高和垂直度的校正,因为柱的标高校正在基础抄平时已进行,平面位置校正在临时固定时已完成,所以,柱的校正主要是垂直度校正。

3）钢柱校正方法是：垂直度用经纬仪或吊线坠检验，如有偏差，采用液压千斤顶或丝杠千斤顶进行校正，底部空隙用铁片或铁垫塞紧，或在柱脚和基础之间打入钢楔抬高，以增减垫板校正（图7-1a、b）；位移校正可用千斤顶顶正（图7-2c）；标高校正用千斤顶将底座少许抬高，然后增减垫板使达到设计要求。

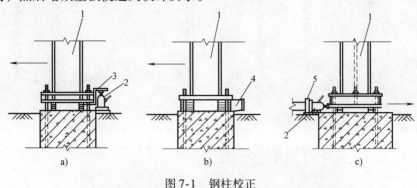

图7-1　钢柱校正

a）、b) 用千斤顶、钢楔校正垂直度　c) 用液压千斤顶校正位移

1—钢柱　2—小型液压千斤顶　3—工字钢顶架　4—钢楔　5—千斤顶托座

4）对于杯口基础，柱子对位时应从柱四周向杯口放入8个楔块，并用撬棍拨动柱脚，使柱的吊装中心线对准杯口上的吊装准线，并使柱基本保持垂直。柱对位后，应先把楔块稍稍打紧，再放松吊钩，检查柱沉至杯底后的对中情况，若符合要求，即可将楔块打紧作柱的临时固定，然后起重钩便可脱钩。吊装重型柱或细长柱时除需按上述进行临时固定外，必要时应增设缆风绳拉锚。

5）柱最后固定：柱脚校正后，此时缆风绳不受力，紧固地脚螺栓，并将承重钢垫板上下点焊固定，防止走动；对于杯口基础，钢柱校正后应立即进行固定，及时在钢柱脚底板下浇筑细石混凝土和包柱脚，以防已校正好的柱子倾斜或移位。其方法是在柱脚与杯口的空隙中浇筑比柱混凝土强度等级高一级的细石混凝土。混凝土浇筑应分两次进行，第一次浇至楔块底面，待混凝土强度达25%时拔去楔块，再将混凝土浇满杯口。待第二次浇筑的混凝土强度达70%后，方能吊装上部构件。对于其他基础，当吊车梁、屋面结构安装完毕，并经整体校正检查无误后，在结构节点固定之前，再在钢柱脚底板下浇筑细石混凝土固定（图7-2）。

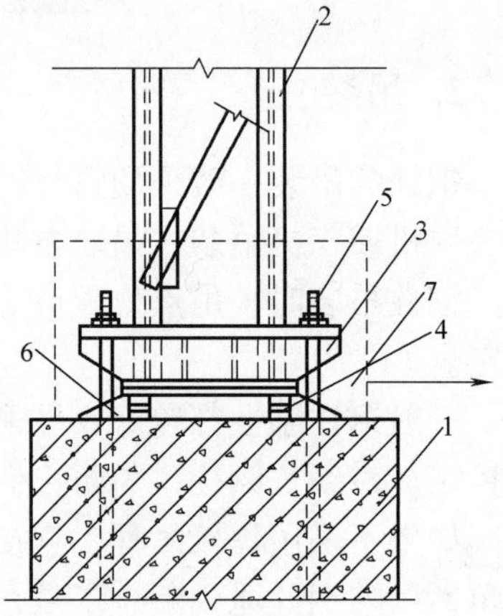

6）钢柱校正固定后，随即将柱间支撑安装并固定，使成稳定体系。

7）钢柱垂直度校正宜在无风天气的早晨或下午16点以后进行，以免因太阳照射受温差影响，柱子向阴面弯曲，出现较大的水平位移值，而影响其垂直度。

8）除定位点焊外，不得在柱构件上焊其他无用的焊点，或在焊缝以外的母材上起弧、熄弧和打火。

图7-2　钢柱底脚固定方式

1—柱基础　2—钢柱　3—钢柱脚

4—钢垫板　5—地脚螺栓　6—二次灌

浆细石混凝土　7—柱脚外包混凝土

## 二、钢吊车梁安装与校正

### 1. 实际案例展示

### 2. 施工要点

1）钢吊车梁安装前，将两端的钢垫板先安装在钢柱牛腿上，并标出吊车梁安装的中心位置。

2）钢吊车梁的吊装常用自行式起重机，钢吊车梁绑扎一般采用两点对称绑扎，在两端各拴一根溜绳，以牵引就位和防止吊装时碰撞钢柱。

3）钢吊车梁起吊后，旋转起重机臂杆使吊车梁中心对准就位中心，在距支承面100mm左右时应缓慢落钩，用人工扶正使吊车梁的中心线与牛腿的定位轴线对准，并将与柱子连接的螺栓全部连接后，方准卸钩。

4）钢吊车梁的校正，可按厂房伸缩缝分区、分段进行校正，或在全部吊车梁安装完毕后进行一次总体校正。

5）校正包括：标高、平面位置（中心轴线）、垂直度和跨距。一般除标高外，应在钢柱校正和屋面吊装完毕并校正固定后进行，以免因屋架吊装校正引起钢柱跨间移位。

① 标高的校正。用水准仪对每根吊车梁两端标高进行测量，用千斤顶或倒链将吊车梁一端吊起，用调整吊车梁垫板厚度的方法，使标高满足设计要求。

② 平面位置的校正。平面位置的校正有以下两种方法：

通线校正法：用经纬仪在吊车梁两端定出吊车梁的中心线，用一根16～18号钢丝在两端中心点间拉紧，钢丝两端用20mm小钢板垫高，松动安装螺栓，用千斤顶或撬杠拨动偏移的吊车梁，使吊车梁中心线与通线重合。

仪器校正法：从柱轴线量出一定的距离 $a$（图7-3），将经纬仪放在该位置上，根据吊车梁中心至轴线的距离 $b$，标出仪器放置点至吊车梁中心线距离 $c$（$c = a - b$）。松动安装螺栓，用撬杠或千斤顶拨动偏移的吊车梁，使吊车梁中心线至仪器观测点的读数均为 $c$，平面即得到校正。

③ 垂直度的校正。在平面位置校正的同时用线坠和钢尺校正其垂直度。当一侧支承面出现空隙，应用楔形铁片塞紧，以保证支承贴紧面不少于 70%。

④ 跨距校正。在同一跨吊车梁校正好之后，应用拉力计数器和钢尺检查吊车梁的跨距，其偏差值不得大于 10mm，如偏差过大，应按校正吊车梁中心轴线的方法进行纠正。

6）吊车梁校正后，应将全部安装螺栓上紧，并将支承面垫板焊接固定。

7）制动桁架（板）一般在吊车梁校正后安装就位，经校正后随即分别与钢柱和吊车梁用高强度螺栓连接或焊接固定。

8）吊车梁的受拉翼缘或吊车桁架的受拉弦杆上，不得焊接悬挂物和卡具等。

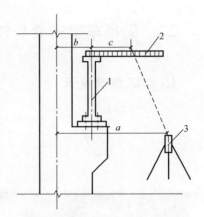

图 7-3　钢吊车梁仪器校正法
1—钢吊车梁　2—木尺　3—经纬仪

# 三、钢屋架（盖）安装与校正

## 1. 实际案例展示

### 2. 安装方法及要求

1）钢屋架的吊装通常采用两点，跨度大于21m，多采用三点或四点，吊点应位于屋架的重心线上，并在屋架一端或两端绑溜绳。由于屋架平面外刚度较差，一般在侧向绑两道杉木杆或方木进行加固。钢丝绳的水平夹角不小于45°。

2）屋架多用高空旋转法吊装，即将屋架从摆放垂直位置吊起至超过柱顶200m以上后，再旋转臂杆转向安装位置，此时起重机边回转、工人边拉溜绳，使屋架缓慢下降，平稳地落在柱头设计位置上，使屋架端部中心线与柱头中心轴线对准。

3）第一榀屋架就位并初步校正垂直度后，应在两侧设置缆风绳临时固定，方可卸钩。

4）第二榀屋架用同样方法吊装就位后，先用杉杆或木方与第一榀屋架临时连接固定，卸钩后，随即安装支撑系统和部分檩条进行最后校正固定，以形成一个具有空间刚度和整体稳定的单元体系。以后安装屋架则采取在上弦绑水平杉木杆或木方，与已安装的前榀屋架连系，保持稳定。

5）钢屋架的校正。垂直度可用线坠、钢尺对支座和跨中进行检查；屋架的弯曲度用拉紧测绳进行检查，如不符合要求，可推动屋架上弦进行校正。

6）屋架临时固定，如需用临时螺栓，则每个节点穿入数量不少于安装孔数的1/3，且至少穿入两个临时螺栓；冲钉穿入数量不宜多于临时螺栓的30%。当屋架与钢柱的翼缘连接时，应保证屋架连接板与柱翼缘板接触紧密，否则应垫入垫板使之紧密。如屋架的支承反力靠钢柱上的承托板传递时，屋架端节点与承托板的接触要紧密，其接触面积不小于承压面积的70%，边缘最大间隙不应大于0.8mm，较大缝隙应用钢板垫实。

7）钢支撑系统，每吊装一榀屋架经校正后，随即将与前一榀屋架间的支承系统吊上，每一节间的钢构件经校正、检查合格后，即可用电焊、高强螺栓或普通螺栓进行最后固定。

8）天窗架安装一般采取两种方式：

① 将天窗架单榀组装，屋架吊装校正、固定后，随即将天窗架吊上，校正并固定。

② 当起重机起吊高度满足要求时，将单榀天窗架与单榀屋架在地面上组合（平拼或立拼），并按需要进行加固后，一次整体吊装。每吊装一榀，随即将与前一榀天窗架间的支撑系统及相应构件安装上。

9）檩条重量较轻，为发挥起重机效率，多采用一钩多吊逐根就位，间距用样杆顺着檩条来回移动检查，如有误差，可放松或扭紧檩条之间的拉杆螺栓进行校正；平直度用拉线和长靠尺或钢尺检查，校正后，用电焊或螺栓最后固定。

10）屋盖构件安装连接时，如螺栓孔眼不对，不得用气割扩孔或改为焊接。每个螺栓不得用两个以上垫圈；螺栓外露螺纹长度不得少于2～3扣，并应防止螺母松动；更不得用螺母代替垫圈。精制螺栓孔不准使用冲钉，也不得用气割扩孔。构件表面有斜度时，应采用相应斜度的垫圈。

11）支撑系统安装就位后，应立即校正并固定，不得以定位点焊来代替安装螺栓或安装焊缝，以防遗漏，造成结构失稳。

12）钢屋盖构件的面漆，一般均在安装前涂好，以减少高空作业。安装后节点的焊缝或螺栓经检查合格，应及时涂底漆和面漆。设计要求用油漆腻子封闭的缝隙，应及时封好腻子后，再涂刷油漆。高强度螺栓连接的部位，经检查合格，也应及时涂漆；油漆的颜色应与被连接的构件相同。安装时构件表面被损坏的油漆涂层，应补涂。

13）不准随意在已安装的屋盖钢构件上开孔或切断任何杆件，不得任意割断已安装好的永久螺栓。

14）利用已安装好的钢屋盖构件悬吊其他构件和设备时，应经设计同意，并采取措施防止损坏结构。

## 四、单层钢结构安装允许偏差

1）钢屋（托）架、桁架、梁及受压杆件的垂直度和侧向弯曲矢高的允许偏差应符合表7-5 的规定。

表 7-5　钢屋（托）架、桁架、梁及受压杆件的垂直度和侧向弯曲矢高的允许偏差

（单位：mm）

| 项目 | 允许偏差 | 图　例 |
|---|---|---|
| 跨中的垂直度 | $h/250$，且不大于 15.0 | |
| 侧向弯曲矢高 $f$ | $l \leqslant 30\text{m}$　　$l/1000$，且不应大于 10.0 | |
| | $30\text{m} < l \leqslant 60\text{m}$　　$l/1000$，且不应大于 30.0 | |
| | $l > 60\text{m}$　　$l/1000$，且不应大于 50.0 | |

2）单层钢结构主体结构的整体垂直度和整体平面弯曲的允许偏差应符合表7-6 的规定。

3）钢柱安装的允许偏差应符合表7-7 的规定。

**表 7-6　整体垂直度和整体平面弯曲的允许偏差**　　　　　（单位：mm）

| 项目 | 允许偏差 | 图例 |
|---|---|---|
| 主体结构的整体垂直度 | $H/1000$，且不应大于 25.0 | |
| 主体结构的整体平面弯曲 | $L/1500$，且不应大于 25.0 | |

**表 7-7　钢柱安装的允许偏差**　　　　　（单位：mm）

| 项目 | | | 允许偏差 | 图例 | 检验方法 |
|---|---|---|---|---|---|
| 柱脚底座中心线对定位轴线的偏移 | | | 5.0 | | 用吊线和钢尺检查 |
| 柱基准点标高 | 有吊车梁的柱 | | $+3.0$<br>$-5.0$ | | 用水准仪检查 |
| | 无吊车梁的柱 | | $+5.0$<br>$-8.0$ | | |
| 弯曲矢高 | | | $H/1200$，且不大于 15.0 | | 用经纬仪或拉线和钢尺检查 |
| 柱轴线垂直度 | 单层柱 | $H\leqslant10\mathrm{m}$ | $H/1000$ | | 用经纬仪或吊线和钢尺检查 |
| | | $H>10\mathrm{m}$ | $H/1000$，且不大于 25.0 | | |
| | 多节柱 | 单节柱 | $H/1000$，且不大于 10.0 | | |
| | | 柱全高 | 35.0 | | |

注：$H$ 为柱全高。

4）钢吊车梁或直接承受动力荷载的类似构件，其安装的允许偏差应符合表7-8的规定。

**表7-8 钢吊车梁安装的允许偏差** （单位：mm）

| 项目 | | 允许偏差 | 图　例 | 检验方法 |
|---|---|---|---|---|
| 梁的跨中垂直度 Δ | | $h/500$ | | 用吊线和钢尺检查 |
| 侧向弯曲矢高 | | $l/1500$，且不应大于10.0 | | 用拉线和钢尺检查 |
| 垂直上拱矢高 | | 10.0 | | |
| 两端支座中心位移 Δ | 安装在钢柱上时，对牛腿中心的偏移 | 5.0 | | |
| | 安装在混凝土柱上时，对定位轴线的偏移 | 5.0 | | |
| 吊车梁支座加劲板中心与柱子承压加劲中心的偏移 Δ | | $r/2$ | | 用吊线和钢尺检查 |
| 同跨间内同一横截面吊车梁顶面高差 Δ | 支座处 | 10.0 | | 用经纬仪、水准仪和钢尺检查 |
| | 其他处 | 15.0 | | |
| 同跨间内同一横截面下挂式吊车梁底面高差 Δ | | 10.0 | | |
| 同列相邻两柱间吊车梁顶面高差 Δ | | $l/1500$，且不应大于10.0 | | 用水准仪和钢尺检查 |
| 相邻两吊车梁接头部位 Δ | 中心错位 | 3.0 | | 用钢尺检查 |
| | 上承式顶面高差 | 1.0 | | |
| | 下承式底面高差 | 1.0 | | |
| 同跨间任一截面的吊车梁中心跨距 Δ | | ±10.0 | | 用经纬仪和光电测距仪检查；跨度小时，可用钢尺检查 |

（续）

| 项目 | 允许偏差 | 图　例 | 检验方法 |
|---|---|---|---|
| 轨道中心对吊车梁腹板轴线的偏移 Δ | $t/2$ | | 用吊线和钢尺检查 |

5）檩条、墙架等次要构件安装的允许偏差应符合表7-9。

**表7-9　檩条、墙架等次要构件安装的允许偏差**　　（单位：mm）

| 项目 | | 允许偏差 | 检验方法 |
|---|---|---|---|
| 墙架立柱 | 中心线对定位轴线的偏移 | 10.0 | 用钢尺检查 |
| | 垂直度 | $H/1000$，且不大于10.0 | |
| | 弯曲矢高 | $H/1000$，且不大于15.0 | 用经纬仪或吊线和钢尺检查 |
| 抗风桁架的垂直度 | | $h/250$，且不大于15.0 | 用吊线和钢尺检查 |
| 檩条、墙梁的间距 | | ±5.0 | 用钢尺检查 |
| 檩条的弯曲矢高 | | $L/750$，且不应大于12.0 | 用拉线和钢尺检查 |
| 墙梁的弯曲矢高 | | $L/750$，且不应大于10.0 | 用拉线和钢尺检查 |

注：$H$ 为墙架立柱的高度；$h$ 为抗风桁架的高度；$L$ 为檩条或墙梁的高度。

6）钢平台、钢梯、栏杆安装应符合现行国家标准《固定式钢直梯》（GB 4053.1—2009）、《固定式钢斜梯》（GB 4053.2—2009）、《固定式防护栏杆》（GB 4053.3—2009）和《固定式钢平台》（GB 4053.4—2009）的规定。钢平台、钢梯和防护栏杆安装的允许偏差应符合表7-10的规定。

**表7-10　钢平台、钢梯和防护栏杆安装的允许偏差**　　（单位：mm）

| 项目 | 允许偏差 | 检验方法 |
|---|---|---|
| 平台高度 | ±15.0 | 用水准仪检查 |
| 平台梁水平度 | $l/1000$，且不应大于20.0 | 用水准仪检查 |
| 平台支柱垂直度 | $H/1000$，且不应大于15.0 | 用经纬仪或吊线和钢尺查 |
| 承重平台梁侧向弯曲 | $L/1000$，且不应大于10.0 | 用拉线和钢尺检查 |
| 承重平台梁垂直度 | $h/250$，且不应大于15.0 | 用吊线和钢尺检查 |
| 直梯垂直度 | $L/1000$，且不应大于15.0 | 用吊线和钢尺检查 |
| 栏杆高度 | ±15.0 | 用钢尺检查 |
| 栏杆立柱间距 | ±15.0 | 用钢尺检查 |

7）现场焊缝组对间隙的允许偏差应符合表7-11的规定。

**表7-11　现场焊缝组对间隙的允许偏差**　　（单位：mm）

| 项目 | 允许偏差 |
|---|---|
| 无垫板间隙 | +3.0<br>0.0 |
| 有垫板间隙 | +3.0<br>−2.0 |

# 第八章　多层及高层钢结构安装工程

## 第一节　基础和支承面

本节要求与单层钢结构的基础和支承面基本相同，见本书第七章相关内容。

建筑物的定位轴线、基础上柱的定位轴线和标高、地脚螺栓（锚栓）的规格和位置、地脚螺栓（锚栓）紧固应符合设计要求。当设计无要求时，应符合表8-1的规定。

表8-1　建筑物定位轴线、基础上柱的定位轴线和标高、地脚螺栓（锚栓）的允许偏差

（单位：mm）

| 项目 | 允许偏差 | 图例 |
|------|---------|------|
| 建筑物定位轴线 | L/20000,且不应大于3.0 | |
| 基础上柱的定位轴线 | 1.0 | |
| 基础上柱底标高 | ±2.0 | |
| 地脚螺栓（锚栓）位移 | 2.0 | |

## 第二节　安装和校正

### 一、定位轴线、标高和地脚螺栓

1）钢结构安装前，应对建筑物的定位轴线、平面封闭角、底层柱的位置线进行复查，

合格后方能开始安装工作。

2）测量基准点由邻近城市坐标点引入，经复测后以此坐标作为该项目钢结构工程平面控制测量的依据。必要时通过平移、旋转的方式换算成平行（或垂直）于建筑物主轴线的坐标轴，便于应用。

3）按照《工程测量规范》（GB 50026—2008）规定的四等平面控制网的精度要求（此精度能满足钢结构安装轴线的要求），在±0.00面上，运用全站仪放样，确定4~6个平面控制点。对由各点组成的闭合导线进行测角（六测回）、测边（两测回），并与原始平面控制点进行联测，计算出控制点的坐标。在控制点位置埋设钢板，做十字线标记，打上冲眼（图8-1）。在施工过程中，做好控制点的保护，并定期进行检测。

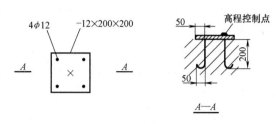

图8-1　控制点设置示意图

4）以邻近的一个水准点作为原始高程控制测量基准点，并选另一个水准点按二等水准测量要求进行联测。同样在±0.000的平面控制点中设定两个高程控制点。

5）框架柱定位轴线的控制，应从地面控制轴线直接引上去，不得从下层柱的轴线引出。一般平面控制点的竖向传递可采用内控法。用天顶准直仪（或激光经纬仪）按图8-2方法进行引测，在新的施工层面上构成一个新的平面控制网。对此平面控制网进行测角、测边，并进行自由网平差和改化。以改化后的投测点作为该层平面测量的依据。运用钢卷尺配合全站仪（或经纬仪），放出所有柱顶的轴线。

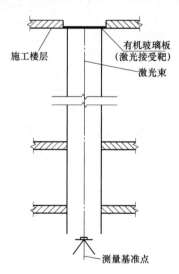

图8-2　平面控制点竖向投点示意图

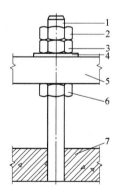

图8-3　第一节柱标高的确定

1—地脚螺栓　2—止退螺母　3—紧固螺母
4—螺母垫板　5—柱脚底板　6—调整螺母
7—钢筋混凝土基础

6）结构的楼层标高可按相对标高或设计标高进行控制。

① 按相对标高安装时，建筑物高度的积累偏差不得大于各节柱制作允许偏差的总和。

② 按设计标高安装时，应以每节柱为单位进行柱标高的调整工作，将每节柱接头焊缝的收缩变形和在荷载下的压缩变形值，加到柱的制作长度中去。楼层（柱顶）标高的控制一般情况下以相对标高控制为主，设计标高控制为辅的测量方法。同一层柱顶标高的差值应控制在 5mm 以内。

7）第一节柱的标高，可采用在柱脚底板下的地脚螺栓上加一螺母的方法精确控制，如图 8-3 所示。

8）柱的地脚螺栓位置应符合设计文件或有关标准的要求，并应有保护螺纹的措施。

9）底层柱地脚螺栓的紧固轴力，应符合设计文件的规定。螺母止退可采用双螺母，或用电焊将螺母焊牢。

## 二、安装机械选用

### 1. 实际案例展示

### 2. 选择要求

1）多、高层钢结构安装机械一般采用 1~2 台塔式起重机作吊装主机，另用一台履带式起重机作副机，用作现场钢构件卸车、堆放、递送之用。塔式起重机形式一般根据构件单件重量、起吊高度、塔楼平面使用范围、工程量大小与工期要求、单机台班产量等选定；副机一般根据场地、道路情况、构件重量和一次输送距离选定。另配备 1~2 台人货两用垂直运输机（人货电梯），供施工人员上下及各种连接、焊接材料、零星工具的垂直运输，人货电梯随钢框架的安装进度而逐渐增加高度。

2）当采用塔式起重机（外附式、内爬式）进行钢结构安装时，应对塔式起重机基础以及塔式起重机与结构相连接的附着装置进行受力验算，并应采取相应的安全技术措施。

## 三、钢构件吊装

### 1. 实际案例展示

### 2. 钢柱吊装

钢柱吊装一般采取一点起吊。为了防止钢丝绳在吊钩上打滑，保证钢柱吊起后能保持竖直，钢柱的吊装应利用专用扁担。利用柱上端连接板上螺栓孔作为吊装孔。起吊时钢柱根部要垫实，通过吊钩上升与变幅以及吊臂回转，逐步将钢柱大致扶直，等钢柱停止晃动后再继续提升，将钢柱吊装到位。当钢柱根部未做保护时，应考虑两点吊装，以防止碰伤钢柱根部。钢柱吊装前预先在地面挂上牵引棕绳、操作挂篮、爬梯等。

钢柱吊装就位后，通过上、下柱头的临时耳板和连接板，用 M22×90mm 的大六角头高强度螺栓进行临时固定。固定前，要调整钢柱标高、位移和垂直度达到规范要求。

### 3. 钢梁的吊装

钢梁吊装一般利用专用扁担，采用两点起吊。为提高塔式起重机的利用率，梁的吊装大多采用多梁一吊。一节钢柱之间有三层钢梁，可采取"三梁一吊"。先安上层梁，再装中、下层梁。此时，应将梁端的高强度螺栓用小布袋挂在梁上。

若梁上没有吊耳，可以选择用钢丝绳直接捆扎。

### 4. 压型钢板（楼板）安装

待二节钢柱范围内的所有柱、梁安装完毕，高强度螺栓终拧、顶层（上层）梁—柱节点焊接完成后，复测安装精度，即可开始放线，铺设压型钢板。压型钢板吊装到位后，先铺顶层板，然后铺下层板，最后铺中层压型钢板。

钢构件安装和楼盖混凝土的施工应相继进行，两项作业相距不宜超过5层。

### 5. 其他要求

1）当天安装的钢构件应形成空间稳定体系，否则要设临时支撑。

2）进行钢结构安装时，楼面上堆放的荷载应予限制，不得超过钢梁和压型钢板的承载能力。

3）安装外墙板时，应根据建筑物的平面形状对称安装。

4）柱、主梁、支撑等大构件安装时，应随即进行校正。

## 四、构件现场焊接

### 1. 实际案例展示

## 2. 施工要点

1）钢结构现场焊接主要是：柱与柱、柱与梁、主梁与次梁、梁拼接、支撑、楼梯及支撑等的焊接。接头形式、焊缝等级由设计确定。

2）焊接的一般工艺要求见第三章。

3）多、高层钢结构的现场焊接顺序，应按照力求减少焊接变形和降低焊接应力的原则加以确定：

① 在平面上，从中心框架向四周扩展焊接。

② 先焊收缩量大的焊缝，再焊收缩量小的焊缝。

③ 对称施焊。

④ 同一根梁的两端不能同时焊接（先焊一端，待其冷却后再焊另一端）。

⑤ 当节点或接头采用腹板栓接、翼缘焊接形式时，翼缘焊接宜在高强度螺栓终拧后进行。

4）钢柱之间常用坡口电焊连接。主梁与钢柱的连接，一般为刚接，上、下翼缘用坡口电焊连接，而腹板用高强度螺栓连接。次梁与主梁的连接一般为铰接，基本上是在腹板处用高强度螺栓连接，只有少量再在上、下翼缘处用坡口电焊连接（图8-4）。

焊接顺序：上节柱和梁经校正和固定后进行柱接头焊接。柱与梁的焊接顺序，先焊接顶部梁柱节点，再焊接底部梁柱节点，最后焊接中间部分的梁柱节点。

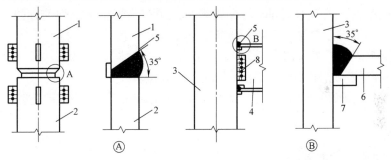

图 8-4　上柱与下柱、柱与梁连接构造

1—上节钢柱　2—下节钢柱　3—框架梁　4—主梁　5—单坡焊缝
6—主梁上翼缘　7—钢垫板　8—高强度螺栓

5）柱与柱接头焊接，宜在本层梁与柱连接完成之后进行。施焊时，应由两名焊工在相对称位置以相等速度同时施焊。

① 单根箱形钢柱接头的焊接顺序如图8-5所示。由两名焊工对称、逆时针转圈施焊。起始焊点距柱棱角50mm，层间起焊点互相错开50mm以上，直至焊接完成，焊至转角处，放慢速度，保证焊缝饱满。焊接结束后，将柱连接耳板割除并打磨平整。

② H型钢柱接头的焊接顺序如图

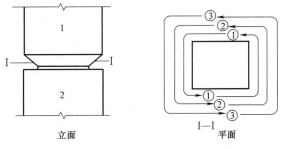

图 8-5　箱形钢柱接头的焊接顺序

1—上柱　2—下柱　①、②、③表示焊接顺序

8-6 所示，先焊翼缘焊缝，再焊腹板焊缝，翼缘板焊接时两名焊工对称、反向焊接。

6）梁、柱接头的焊接，应设长度大于 3 倍焊缝厚度的引弧板。引弧板的厚度应和焊缝厚度相适应，焊完后割去引弧板时应留 5~10mm。梁柱接头的焊缝，宜先焊梁的下翼缘，再焊其上翼缘，上、下翼缘的焊接方向相反。

同一层的梁柱接头焊接顺序如图 8-7 所示。

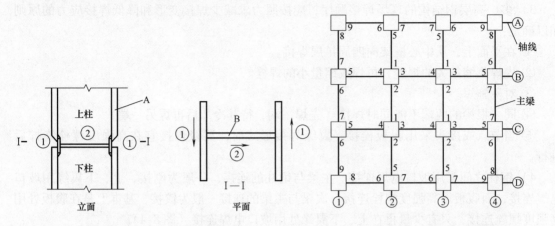

图 8-6　H 型钢柱接头的焊接顺序　　　　　　图 8-7　梁柱接头焊接顺序

A—翼缘　B—腹板　①、②—表示焊接顺序　→—表示焊接走向　柱、梁焊接顺序：1→2→3→4→5→6→7→8→9

7）对于板厚大于或等于 25mm 的焊缝接头，用多头烤枪进行焊前预热和焊后热处理，预热温度 60~150℃，后热温度 200~300℃，恒温 1h。

8）手工电弧焊时，当风速大于 5m/s（五级风）；气体保护焊时，当风速大于 3m/s（二级风），均应采取防风措施方能施焊。雨天应停止焊接。

9）焊接工作完成后，焊工应在焊缝附近打上自己的钢印。焊缝应按要求进行外观检查和无损检测。

## 五、安装的测量校正

1）多、高层钢结构安装的校正是以钢柱为主。钢柱就位后，先调整标高，后调整位移，最后调整垂直度。直到柱的标高、位移、垂直度符合要求：位移偏差应校正到允许偏差以内，垂直偏差应达到 ±0.000。

2）钢柱校正。钢柱校正采用"无缆风绳校正法"。上下钢柱临时对接应采用大六角头高强度螺栓，连接板进行摩擦面处理。连接板上螺孔直径应比螺栓直径大 4~5mm。标高调整方法为：上柱与下柱对正后，用连接板与高强螺栓将下柱柱头与上柱柱根连起来，螺栓暂不拧紧；量取下柱柱头标高线与上柱柱根标高线之间的距离，量取四面；通过吊钩升降以及撬棍的拨动，使标高线间距离符合要求，初步拧紧高强螺栓，并在节点板间隙中打入铁楔。扭转调整：在上柱和下柱耳板的不同侧面加垫板，再夹紧连接板，即可以达到校正扭转偏差的目的。垂直度通过千斤顶与铁楔进行调整，在钢柱偏斜的同侧锤击铁楔或微微顶升千斤顶，便可将垂直度校正至零。钢柱校正如图 8-8 所示。钢柱校正完毕后拧紧接头上的大六角头高强度螺栓至设计扭矩。

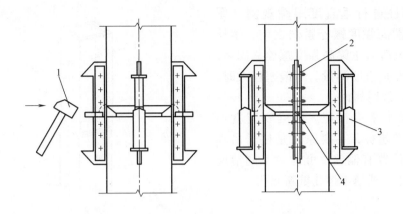

图 8-8　钢柱校正

1—铁锤　2—调扭转垫板　3—千斤顶　4—铁楔

钢柱的标高一般按相对标高进行控制。按相对标高控制安装时,建筑物的积累偏差不得大于各节柱制作允许偏差的总和。采用相对标高安装的实质就是在预留了焊缝收缩量与压缩量的前提下,将同一个吊装节钢柱顶面理论上调校到同一标高。为了使柱与柱接头之间有充分的调整余量,上柱和下柱临时连接板所用的高强度螺栓直径与螺栓孔直径之间的间隙应由通常的 1.5～2.0mm 扩大到 3.0～5.0mm。标高调整后,上柱与下柱之间的空隙在焊接时进行处理。考虑到钢柱工厂加工时的允许公差 −1～+5mm。采用相对标高调校后,就能把每节钢柱柱顶的相对标高差控制在规范允许范围内。柱子安装的允许偏差应符合表 8-2 规定。

表 8-2　柱子安装的允许偏差　　　　　　　　　　　　（单位：mm）

| 项目 | 允许偏差 | 图例 |
| --- | --- | --- |
| 底层柱柱底轴线对定位轴线偏移 | 3.0 | |
| 柱子定位轴线 | 1.0 | |
| 单节柱的垂直度 | $h/1000$,且不应大于 10.0 | |

安装钢柱时,要尽可能调整其垂直度使其接近 ±0.000。先不留焊缝收缩量,在安装和校正柱与柱之间的梁时,再把柱子撑开,留出接头焊接收缩量,这时柱子产生的内力,在焊接完成和焊缝收缩后也就消失了。

3）安装钢梁时,钢柱垂直度一般会发生微量的变化,应采用两台经纬仪从互成 90°两个方向对钢柱进行垂直度跟踪观测（图 8-9）。在梁端高强度螺栓紧固之前、螺栓紧固过程中及所有主梁高强度螺栓紧固后，均应进行钢柱垂直度测量。当偏差较大时，应分析原因，及时纠偏。

4）钢梁水平度校正。钢梁安装就位后，若水平度超标，主要原因是柱子吊耳位置或螺孔位置有偏差。可针对不同情况或割除耳板重焊或填平螺孔重新制孔。

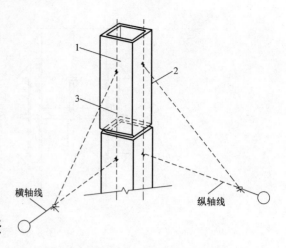

图 8-9　钢柱垂直度测量示意图
1—钢柱安装轴线　2—钢柱　3—钢柱中心线

## 六、多层钢结构安装允许偏差

1）多层及高层钢结构主体结构的整体垂直度和整体平面弯曲的允许偏差应符合表 8-3 的规定。

表 8-3　整体垂直度和整体平面弯曲的允许偏差　　　　　　（单位：mm）

| 项目 | 允许偏差 | 图例 |
|---|---|---|
| 主体结构的整体垂直度 | $H/2500 + 10.0$，且不应大于 50.0 |  |
| 主体结构的整体平面弯曲 | $L/1500$，且不应大于 25.0 |  |

2）多层及高层结构钢构件安装的允许偏差应符合表 8-4 的规定。

表 8-4　钢构件安装的允许偏差　　　　　　（单位：mm）

| 项目 | 允许偏差 | 图例 | 检验方法 |
|---|---|---|---|
| 上、下柱连接处的错口 $\Delta$ | 3.0 |  | 用钢尺检查 |
| 同一层柱的各柱顶高度差 $\Delta$ | 5.0 |  | 用水准仪检查 |

（续）

| 项目 | 允许偏差 | 图例 | 检验方法 |
|------|---------|------|---------|
| 同一根梁两端顶面的高差 $\Delta$ | $H/1000$，且不应大于 10.0 | | 用水准仪检查 |
| 主梁与次梁表面的高差 $\Delta$ | ±2.0 | | 用直尺和钢尺检查 |
| 压型金属板在钢梁上相邻列的错位 $\Delta$ | 15.00 | | 用直尺和钢尺检查 |

3）多层及高层钢结构主体结构总高度的允许偏差应符合表 8-5 的规定。

**表 8-5　主体结构总高度的允许偏差**　　　　　（单位：mm）

| 项目 | 允许偏差 | 图例 |
|------|---------|------|
| 用相对标高控制安装 | $\pm \sum (\Delta_h + \Delta_z + \Delta_w)$ | |
| 用设计标高控制安装 | $H/1000$，且不应大于 30.0<br>$-H/1000$，且不应小于 −30.0 | |

注：$\Delta_h$ 为节柱子长度的制造允许偏差；$\Delta_z$ 为节柱子长度受荷载后的压缩值；$\Delta_w$ 为节柱子接头焊缝的收缩量。

# 第九章  钢网架结构安装工程

## 第一节  支承面顶板和支承垫块

1）支承面顶板的位置、标高、水平度以及支座锚栓位置的允许偏差应符合表9-1的规定。

**表9-1  支承面顶板、支座锚栓位置的允许偏差**　　　　（单位：mm）

| 项目 | | 允许偏差 |
|---|---|---|
| 支承面顶板 | 位置 | 15.0 |
| | 顶面标高 | 0 <br> -3.0 |
| | 顶面水平度 | $L/1000$ |
| 支座锚栓 | 中心偏移 | ±5.0 |

2）支座锚栓尺寸的允许偏差应符合表9-2的规定。支座锚栓的螺纹应受到保护。

**表9-2  支座锚栓尺寸的允许偏差**　　　　（单位：mm）

| 项目 | 允许偏差 | 项目 | 允许偏差 |
|---|---|---|---|
| 锚栓露出长度 | +30 <br> 0.0 | 螺纹长度 | +30 <br> 0.0 |

## 第二节  总拼与安装

### 一、钢网架结构拼装

#### 1. 实际案例展示

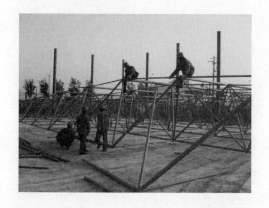 

### 2. 钢网架结构拼装的施工原则

1）合理分割，即把网架根据实际情况合理地分割成各种单元体，使其经济地拼成整个网架。可有下列几种方案：

① 直接由单根杆件、单个节点总拼成网架。

② 由小拼单元总拼成网架。

③ 由小拼单元—中拼单元—总拼成网架。

2）尽可能多地争取在工厂或预制场地焊接，尽量减少高处作业量。因为这样可以充分利用起重设备将网架单元翻身而能较多地进行平焊。

3）节点尽量不单独在高空就位，而是和杆件连接在一起拼装，在高空仅安装杆件。

### 3. 钢网架小拼单元

1）钢网架小拼单元一般是指焊接球网架的拼装。螺栓球网架在杆件拼装、支座拼装之后即可以安装，不进行小拼单元。

2）准备好小拼场地，针对小拼单元的尺寸、形态、位置进行放样、画线。根据编制好的小拼方案制作拼装胎位。

3）焊接拼装胎位，并控制变形，复验各部拼装尺寸。钢网架拼装用胎架应经常检查，防止因胎模变形而使小拼单元变形。

4）焊接球网架有加衬管和不加衬管两种，凡需加衬管的部位，应备好衬管，先在球上定位点固。

5）焊接球钢网架小拼形式：有一球一杆型、二球一杆型、一球三杆型、一球四杆型四种。

6）焊接球网架小拼的焊缝要饱满，确保焊透，焊坡均匀一致。焊缝经外观检查后，根据设计要求进行无损探伤。

7）小拼单元的允许偏差应符合表9-3的规定。钢网架拼装小单元的尺寸一般应控制在负公差，如果正公差累积会使网格尺寸增大，使轴线偏移。

表9-3　小拼单元的允许偏差　　　　　　　　　　（单位：mm）

| 项　　目 | | | 允许偏差 |
|---|---|---|---|
| 节点中心偏移 | | | 2.0 |
| 焊接球节点与钢管中心和偏移 | | | 1.0 |
| 杆件轴线的弯曲矢高 | | | $L_1/1000$，且不应大于5.0 |
| 锥体型小拼单元 | 弦杆长度 | | ±2.0 |
| | 锥体高度 | | ±2.0 |
| | 上弦杆对角线高度 | | ±3.0 |
| 平面桁架型小拼单元 | 跨长 | ≤24m | +3<br>−7 |
| | | >24m | +5<br>−10 |
| | 跨中高度 | | ±3.0 |
| | 跨中拱度 | 设计要求起拱 | ±$L/5000$ |
| | | 设计未要求起拱 | +10.0 |

注：$L_1$为杆件长度；$L$为跨长。

8）拼装好的钢球和杆件应编好号码，做好标记，防止使用时混用。钢球还应有中心线标志，特别带肋钢球使用方向有严格规定，带肋方向应该有明显标识。

9）包装与发运。钢网架拼装后需要发运时，应对半成品进行包装。包装应在涂层干燥后进行，包装应保护构件涂层不受损伤，保证构件、零件不变形，不损坏，不散失，包装尚应符合运输的有关规定。

### 4. 中拼单元

1）在焊接球网架施工中还可以采用地面中拼，到高空合拢的拼装形式，这种拼装形式可以分为：条形中拼、块形中拼、立体单元中拼等。

2）控制中拼单元的尺寸和变形，中拼单元拼装后应具有足够刚度，并保证自身的几何尺寸稳定，否则应采取临时加固措施。

3）为保证网架顺利拼装，在条与条或块与块合拢处，可采用加安装螺栓等措施。

4）搭设中拼支架时，支架上的支撑点的位置应设在下弦节点处。应验算支架的承载力和稳定性，必要时可以试压，以确保安全可靠。

5）尽量减少网架中拼单元的中间运输。如需运输时，应采取措施防止网架变形。

6）中拼单元的允许偏差应符合表9-4条的规定。

表9-4　中拼单元的允许偏差　　　　　　　　　（单位：mm）

| 项　　目 | | 允许偏差 |
|---|---|---|
| 单元长度≤20m<br>拼接长度 | 单跨 | ±10.0 |
| | 多跨连接 | ±5.0 |
| 单元长度>20m<br>拼接长度 | 单跨 | ±20.0 |
| | 多跨连接 | ±10.0 |

### 5. 钢网架拼装焊接

1）焊接球网架拼装前应编制焊接工艺，并经审批。编制焊接工艺时，应重点考虑选择合理的焊接顺序，以减小焊接变形和焊接应力。

2）拼装与焊接应从中间向两端或从中心向四周发展。

## 二、钢网架结构安装

### 1. 实际案例展示

## 2. 施工要点

1）钢网架结构有高空散装法、分条或分块安装法、高空滑移法、整体吊装法、整体提升法、整体顶升法等。应根据网架受力和构造特点，在满足质量、安全、进度和经济效益的要求下，结合企业和施工现场的施工技术条件综合确定。

安装方法选定后，应分别对网架施工阶段的吊点反力、挠度、杆件内力、提升或顶升时支承柱的稳定性和风载下网架的水平推力等项进行验算，必要时应采取加固措施。施工荷载应包括施工阶段的结构自重及各种施工活荷载。安装阶段的动力系数：当采用提升法或顶升法施工时，可取 1.1；当采用拔杆吊装时，可取 1.2；当采用履带式或汽车式起重机吊装时，可取 1.3。

无论采用何种施工方法，在正式施工前均应进行试拼及试安装，当确有把握时方可进行正式施工。

2）支座安装。网架安装后应注意支座的受力情况。有的支座允许焊死，有的支座应该是自由端，有的支座需要限位，要分别进行处理。支座垫板、限位板等应按规定顺序进行安装。

## 3. 高空散装法

1）将网架的杆件和节点（或小拼单元）直接在高空设计位置总拼成整体的方法称为高空散装法。高空散装法分为全支架法（即搭设满堂脚手架）和悬挑法两种。全支架法可将杆件和节点件在支架上总拼或以一个网格为小拼单元在高空总拼；悬挑法是为了节省支架，将部分网架悬挑。高空散装法适用于非焊接连接（螺栓球节点或高强螺栓连接）的各种类型网架安装。在大型的焊接连接网架安装施工中也有采用。

2）当采用小拼单元或杆件直接在高空拼装时，其顺序应能保证拼装的精度，减少积累误差。悬挑法施工时，应先拼成可承受自重的结构体系，然后逐步扩展。

网架在拼装过程中应随时检查基准轴线位置、标高及垂直偏差，并应及时纠正。

3）搭设拼装支架时，支架上支撑点的位置应设在下弦节点处。应验算支架的承载力和稳定性，必要时可进行试压，以确保安全可靠。

支架支柱下应采取措施（如加垫板），防止支座下沉。

4）在拆除支架过程中应防止个别支撑点集中受力，宜根据各支撑点的结构自重挠度值，采用分区分阶段按比例下降或用每步不大于10mm的等步下降法拆除支撑点。

### 4. 分条或分块安装法

1）将网架分割成若干条状或块状单元，每个条（块）状单元在地面拼装后，再由起重机吊装到设计位置总拼成整体，此法称为分条（分块）吊装法。条状单元一般沿长跨方向分割，其宽度约为1~3个网格，其长度为 $L$ 或 $L/2$（$L$ 为短跨跨距）。块状单元一般沿网架平面纵横向分割成矩形或正方形单元。每个单元的重量以现有起重机能胜任为准。由于条（块）状单元是在地面拼装，因而高空作业量较高空散装法大为减少，拼装支架也减少很多，又能充分利用现有起重设备，故较经济。分条或分块安装法适用于网架分割后的条（块）单元刚度较大的各类中小型网架，如两向正交正放四角锥、正放抽空四角锥等网架。

2）将网架分成条状单元或块状单元在高空连成整体时，网架单元应具有足够刚度并保证自身的几何不变性，否则应采取临时加固措施。

3）为保证网架顺利拼装，在条与条或块与块合拢处，可采用安装螺栓等措施。设置独立的支撑点或拼装支架时，应符合本条第二款第二项的要求。

合拢时可用千斤顶将网架单元顶到设计标高，然后连接。

4）网架单元宜减少中间运输。如需运输时应采取措施防止网架变形。

### 5. 高空滑移法

1）将网架条状单元在建筑物上由一端滑移到另一端，就位后总拼成整体的方法称为高空滑移法。滑移时滑移单元应保证成为几何不变体系。高空滑移法适用于正放四角锥、正放抽空四角锥、两向正交正放四角锥等网架。

2）高空滑移法可利用已建结构物作为高空拼装平台。如无建筑物可供利用时，可在滑移开始端设置宽度约大于两个节间的拼装平台。

有条件时，可以在地面拼成条或块状单元吊至拼装平台上进行拼装。

3）滑轨可固定于混凝土梁顶面的预埋件上，轨面标高应高于或等于网架支座设计标高。滑轨接头处应垫实，若用电焊连接应锉平高出轨面的焊缝。当支座板直接在滑轨上滑移时，其两端应做成圆导角，滑轨两侧应无障碍。摩擦表面应涂润滑油。

4）当网架跨度较大时，宜在跨中增设滑轨，滑轨下的支承架应符合本条第二款第二项的要求。

5）当设置水平导向轮时，可设在滑轨的内侧，导向轮与滑道的间隙应在10~20mm。

6）网架滑移可用卷扬机或手板葫芦牵引。根据牵引力大小及网架支座之间的系杆承载力，可采用一点或多点牵引。牵引速度不宜大于1.0m/min，牵引力可按滑动摩擦或滚动摩擦分别按下式进行验算。

① 滑动摩擦

$$F_t \geqslant \mu_1 \xi G_{0k} \tag{9-1}$$

式中　$F_t$——总起动牵引力；

　　$G_{0k}$——网架总自重标准值；

　　$\mu_1$——滑动摩擦系数，在自然轧制表面经粗除锈充分润滑的钢与钢之间可取0.12~0.15；

$\xi$——阻力系数，当有其他因素影响牵引力时，可取 $1.3 \sim 1.5$。

② 滚动摩擦

$$F_t \geqslant \left( \frac{k}{r_1} + \mu_2 \frac{r}{r_1} \right) G_{0k} \tag{9-2}$$

式中　$F_t$——总起动牵引力；

$G_{0k}$——网架总自重标准值；

$k$——钢制轮与钢之间滚动摩擦系数，可取 5mm；

$\mu_2$——摩擦系数，在滚轮与滚轮轴之间，或经机械加工后充分润滑的钢与钢之间可取 0.1；

$r_1$——滚轮的外圆半径（mm）；

$r$——轴的半径（mm）。

当网架滑移时，两端不同步值不应大于 50mm。

7）在滑移和拼装过程中，对网架应进行下列验算：

① 当跨度中间无支点时，验算杆件内力和跨中挠度值。

② 当跨度中间有支点时，验算杆件内力、支点反力及挠度值。

当网架滑移单元由于增设中间滑轨引起杆件内力变号时，应采取临时加固措施以防失稳。

## 6. 整体吊装法

1）将网架在地面总拼成整体后，用起重设备将其吊装至设计位置的方法称为整体吊装法。用整体吊装法安装网架时，可以就地与柱错位总拼或在场外总拼，此法适用于各种网架，更适用于焊接连接网架（因地面总拼易于保证焊接质量和几何尺寸的准确性）。其缺点是需要较大的起重能力。整体吊装法大致上可分为桅杆吊装法和多机抬吊法两类。当用桅杆吊装时，由于桅杆机动性差，网架只能就地与柱错位总拼，待网架抬吊至高空后，再进行旋转或平移至设计位置。由于桅杆的起重量大，故大型网架多用此法，但需大量的钢丝绳、大型卷扬机及劳动力，因而成本较高。如用多根中小型钢管桅杆整体吊装网架，则成本较低。此法适用于各种类型的网架。

2）网架整体吊装可采用单根或多根拔杆起吊，也可采用一台或多台起重机起吊就位。

当采用多根拔杆方案时，可利用每根拔杆两侧起重机滑轮组中产生水平分力不等原理推动网架移动或转动进行就位，如图 9-1 所示。

网架吊装设备可根据起重滑轮组的拉力进行受力分析。提升阶段或就位阶段，可分别按下列公式计算起重滑轮组的拉力：

提升阶段（图 9-1a）

$$F_{t1} = F_{t2} = G_1 / 2\sin\alpha_1 \tag{9-3}$$

就位阶段（图 9-1c）

$$F_{t1}\sin\alpha_1 + F_{t2}\sin\alpha_2 = G_1 \tag{9-4}$$

式中　$G_1$——每根拔杆所担负的网架、索具等荷载；

$F_{t1}$、$F_{t2}$——起重滑轮组的拉力；

$\alpha_1$、$\alpha_2$——起重滑轮组钢丝绳与水平面的夹角。

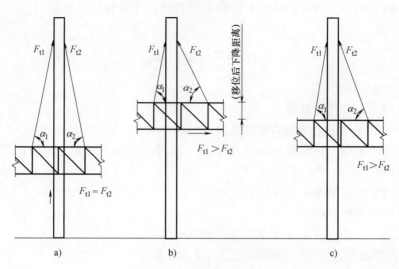

图 9-1　网架空中移位

a）提升阶段　b）移位阶段　c）就位阶段

网架移位距离（或旋转角度）与网架下降高度之间的关系，可用图解法或计算法确定。

当采用单根拔杆方案时，对于矩形网架，可通过调整缆风绳使拔杆吊着网架平移就位；对正多边形或圆形网架可通过旋转拔杆使网架转动就位。

3）在网架整体吊装时，应保证各吊点起升及下降的同步性。提升高差允许值（是指相邻两拔杆间或相邻两吊点组的合力点间的相对高差）可取吊点间距离的 1/400，且不宜大于 100mm，或通过验算确定。

4）当采用多根拔杆或多台起重机吊装网架时，宜将额定负荷能力乘以折减系数 0.75，当采用四台起重机将吊点连通成两组或用三根拔杆吊装时，折减系数可适当放宽。

5）在制订网架就位总拼方案时，应符合下列要求：

① 网架的任何部位与支承柱或拔杆的净距不应小于 100mm。

② 如支承柱上设有凸出构造（如牛腿等），应防止网架在起升过程中被凸出物卡住。

③ 由于网架错位需要，对个别杆件暂不组装时，应取得设计单位同意。

6）拔杆、缆风绳、索具、地锚、基础及起重滑轮组的穿法等，均应进行验算，必要时可进行试验检验。

7）当采用多根拔杆吊装时，拔杆安装必须垂直，缆风绳的初始拉力值宜取吊装时缆风绳中拉力的 60%。

8）当采用单根拔杆吊装时，其底座应采用球形万向接头；当采用多根拔杆吊装时，在拔杆的起重平面内可采用单向铰接头。拔杆在最不利荷载组合作用下，其支承基础对地面的压力不应大于地基允许承载能力。

9）当网架结构本身承载能力许可时，可在网架上设置滑轮组将拔杆逐段拆除。

## 7. 整体提升法

1）将网架在地面就位拼成整体，用起重设备垂直地将网架整体提升至设计标高并固定的方法，称为整体提升法。提升时可利用结构柱作为提升网架的临时支承结构，也可另设格构式提升架或钢管支柱。提升设备可用通用千斤顶或升板机。对于大中型网架，提升点位置宜与网架支座相同或接近，中小型网架则可略变动，数量也可减少，但应进行施工验算。此法适用于周边支承及多点支承网架。

2）可在结构上安装提升设备整体提升网架，也可在进行柱子滑模施工的同时提升网架，此时网架可作为操作平台。

3）提升设备的使用负荷能力，应将额定负荷能力乘以折减系数，穿心式液压千斤顶可取 0.5～0.6，电动螺杆升板机可取 0.7～0.8；其他设备应通过试验确定。

4）网架提升时应保证做到同步。相邻两提升点和最高与最低两个点的提升允许升差值应通过验算确定。相邻两个提升点允许升差值：当用升板机时，应为相邻点距离的 1/400，且不应大于 15mm；当采用穿心式液压千斤顶时，应为相邻距离的 1/250，且不应大于 25mm。最高点与最低点允许升差值：当采用升板机时应为 35mm，当采用穿心式液压千斤顶时应为 50mm。

5）提升设备的合力点应对准吊点，允许偏移值为 10mm。

6）整体提升法的下部支承柱应进行稳定性验算。

有时也可利用网架为滑模平台，柱子用滑模方法施工，当柱子滑模施工到设计标高时，网架也随着提升到位，这种方法俗称升网滑模。

## 8. 整体顶升法

1）将网架在地面就位拼成整体，用起重设备垂直地将网架整体顶升至设计标高并固定的方法，称为整体顶升法。顶升的概念是千斤顶位于网架之下，一般是利用结构柱作为网架顶升的临时支承结构。此法适用于周边支承及多点支承的大跨度网架。

2）当网架采用整体顶升法时，应尽量利用网架的支承柱作为顶升时的支承结构，也可在原支点处或其附近设置临时顶升支架。

3）顶升用的支承柱或临时支架上的缀板间距，应为千斤顶使用行程的整倍数，其标高偏差不得大于 5mm，否则应用薄钢板垫平。

4）顶升千斤顶可采用丝杠千斤顶或液压千斤顶，其使用负荷能力应将额定负荷能力乘以折减系数：丝杠千斤顶取 0.6～0.8；液压千斤顶取 0.4～0.6。各千斤顶的行程和升起速度必须一致，千斤顶及其液压系统必须经过现场检验合格后方可使用。

5）顶升时各顶升点的允许升差值应符合下列规定：

① 相邻两个顶升用的支承结构间距的 1/1000，且不应大于 30mm；

② 当一个顶升用的支承结构上有两个或两个以上千斤顶时，取千斤顶间距 1/200，且不应大于 10mm。

6）千斤顶或千斤顶合力的中心应与柱轴线对准，其允许偏移值应为 5mm，千斤顶应保持垂直。

7）顶升前及顶升过程中，网架支座中心对柱基轴线的水平偏移值不得大于柱截面短边尺寸的 1/50 及柱高的 1/500。

8）对顶升用的支承结构应进行稳定性验算。验算时除应考虑网架和支承结构自重、与网架同时顶升的其他静载和施工荷载外，还应考虑上述荷载偏心和风荷载所产生的影响。如稳定不足时，应首先采取施工措施予以解决。

### 9. 焊接变形的控制

焊接球网架安装焊接时，应考虑到焊接收缩的变形问题，尤其是整体吊装网架和条块网架，在地面安装后，焊接前要掌握好焊接变形量和收缩值。

### 10. 允许偏差

钢网架结构安装完成后，其安装的允许偏差应符合表9-5的规定。

**表9-5　钢网架结构安装的允许偏差**　　　　　　　　　　（单位：mm）

| 项目 | 允许偏差 | 检验方法 |
|---|---|---|
| 纵向、横向长度 | $L/2000$，且不应大于 30.0<br>$-L/2000$，且不应小于 $-30.0$ | 用钢尺实测 |
| 支座中心偏移 | $L/3000$，且不应大于 30.0 | 用钢尺和经纬仪实测 |
| 周边支承网架相邻支座高差 | $L/400$，且不应大于 15.0 | 用钢尺和水准仪实测 |
| 支座最大高差 | 30.0 | |
| 多点支承网架相邻支座高差 | $L_1/800$，且不应大于 30.0 | |

注：$L$ 为纵向、横向长度；$L_1$ 为相邻支座间距。

# 第十章　压型金属板工程

## 第一节　压型金属板制作

**1. 实际案例展示**

**2. 设备、机具调整、试运行**

1）将钢板卷材安放在开卷放料架上，开卷放料架转轴中心线应与压型机辊轮中心线相垂直。

2）根据压型金属板的规格调整压型机的辊间间隙、压辊水平度和中心线位置，清除压辊表面的油污、灰尘，保持压辊表面清洁。

3）现场加工的场地应选在屋面板的起吊点处。设备的纵轴方向应与屋面压型金属板的长度方向相一致。加工后，压型金属板应放置在靠近起吊点位置。

**3. 压型金属板成型辊压**

1）根据加工压型金属板的品种、规格，调整成型辊压机的各种技术参数，并将钢板卷材宽度的允许偏差值合理分配给压型金属板的两边部。

2）压型金属板在成型辊压过程中应随时检查加工产品质量，一般应对每一个钢板卷材的第一块成型压型金属板进行检验，确认其质量符合设计规定的要求后方可进行批量生产。

3）从卸料辊架下转移压型金属板时，应从压型金属板的两侧抬起、转运。

### 4. 压型金属板裁剪

1）压型金属板剪断宜选用成型后剪切设备，剪切前应调整压型金属板纵向中心线与剪切刀刃间相对位置，保证压型金属板端线夹角符合设计或施工排板图要求。

2）压型金属板剪断时宜遵循先长后短原则，先尽量按长尺寸号料，当发现存在局部质量问题时，剪去不合格段，按较短尺寸号料。

### 5. 允许偏差

1）压型金属板的尺寸允许偏差应符合表 10-1 的规定。

表 10-1　压型金属板的尺寸允许偏差　（单位：mm）

| 项　　目 | | | 允许偏差 |
|---|---|---|---|
| 波距 | | | ±2.0 |
| 波高 | 压型钢板 | 截面高度≤70 | ±1.5 |
| | | 截面高度>70 | 2.0 |
| 侧向弯曲 | 在测量长度 $L_1$ 的范围内 | | 20.0 |

注：$L_1$ 为测量长度，是指板长扣除两端各 0.5m 后的实际长度（小于 10m）或扣除后任选的 10m 长度。

2）压型金属板施工现场制作的允许偏差应符合表 10-2 的规定。

表 10-2　压型金属板施工现场制作的允许偏差　（单位：mm）

| 项　　目 | | 允许偏差 |
|---|---|---|
| 压型金属板的覆盖宽度 | 截面高度≤70 | +10.0, -2.0 |
| | 截面高度>70 | +6.0, -2.0 |
| 板　　长 | | ±9.0 |
| 横向剪切偏差 | | 6.0 |
| 泛水板、包角板尺寸 | 板长 | ±6.0 |
| | 折弯面宽度 | ±3.0 |
| | 折弯面夹角 | 2° |

# 第二节　压型金属板安装

## 一、压型钢板的堆放与吊运

### 1. 实际案例展示

### 2. 标准要求

1）压型钢板堆放的地坪应平整、不积水，压型钢板堆叠不宜过高，以每堆不超过40张压型钢板为宜。不得碰伤和污染压型钢板。

2）在吊装前先核对压型钢板的编号及吊装位置是否准确，包装是否牢固；起吊前先试吊，检查重心是否稳定，钢索是否会滑动。钢索绳捆扎处应该用木板衬垫以免损坏压型钢板。

3）可以采用多种方法吊装压型金属板，如汽车式起重机吊升、塔式起重机吊升、卷扬机吊升和人工提升等，应根据压型金属板的尺寸、材质、安装高度、工程规模等因素灵活掌握。不论采用何种吊装方法，均不得损伤板材。宜采用多点捆扎，吊装时多点受力，如图10-1所示。

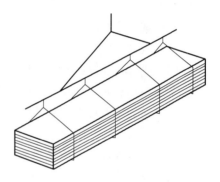

图 10-1　压型钢板吊装示意图

## 二、压型钢板安装

### 1. 实际案例展示

## 2. 施工要点

1）实测安装板材的实际长度，按实测长度核对对应板号的板材长度，必要时对板材进行剪裁。

2）将提升、平移到位的压型金属板按施工排板图中设定的起始线放置，并使压型金属板的宽度覆盖标志线对准该起始线。在压型金属板长度方向的两端标划出该处安装节点的构造长度，如图10-2所示。

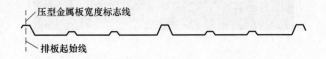

图 10-2　压型金属板安装示意图

3）用紧固件紧固两端后，再安装第二块板，其安装顺序为先自左至右或自右至左，后自下而上。

4）安装到下一放线标志点处，复查板材安装的偏差，当满足设计要求后进行板材的全面紧固。不能满足要求时，应在下一标志段内调正，当在本标志段内可调正时，可调整本标志段后再全面紧固。依次全面展开安装。

5）安装夹芯板时，应挤密板间缝隙，当就位准确，仍有缝隙时，应用保温材料填充。

6）安装完的屋面应及时检查有无遗漏紧固点。对保温屋面，应将屋脊的空隙处用保温材料填满。

7）在紧固自攻螺钉时应掌握紧固的程度，不可过度，过度会使密封垫圈上翻，甚至使板面压凹而积水。紧固不够会使密封不到位而出现漏雨，如图10-3所示。有一种自攻螺钉，在接近紧固完毕时会发出一响声，可以控制紧固的程度。

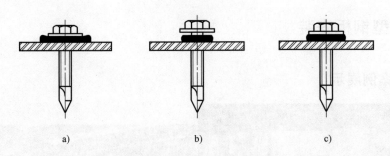

图 10-3　自攻螺钉紧固程度
a）不正确的紧固（过紧）　b）不正确的紧固（过松）　c）正确的紧固

8）板的纵向搭接，应按设计要求铺设密封条和涂密封胶，并在搭接处用自攻螺钉或带密封垫的拉铆钉连接，紧固件应位于密封条处。

9）压型金属板应在支承构件上可靠搭接，搭接长度应符合设计要求，且不应小于表10-3所规定的数值。

10）压型金属板安装的允许偏差应符合表10-4的规定。

表 10-3　压型金属板在支承构件上的搭接长度　　　　　　（单位：mm）

| 项　　目 | | 搭接长度 |
|---|---|---|
| 截面高度＜70 | | 375 |
| 截面高度≤70 | 屋面坡度＜1/10 | 250 |
| | 屋面坡度≥1/10 | 200 |
| 墙面 | | 120 |

表 10-4　压型金属板安装的允许偏差　　　　　　　　（单位：mm）

| 项　　目 | | 允许偏差 |
|---|---|---|
| 屋面 | 檐口与屋脊的平行度 | 12.0 |
| | 压型金属板波纹线对屋脊的垂直度 | $L/800$，且不应大于 25.0 |
| | 檐口相邻两块压型金属板端部错位 | 6.0 |
| | 压型金属板卷边板件最大波浪高 | 4.0 |
| 墙面 | 墙板波纹线的垂直度 | $H/800$，且不应大于 25.0 |
| | 墙板包角板的垂直度 | $H/800$，且不应大于 25.0 |
| | 相邻两块压型金属板的下端错位 | 6.0 |

注：$L$ 为屋面半坡或单坡长度；$H$ 为墙面高度。

# 第十一章　钢结构涂装工程

## 第一节　钢结构防腐涂料涂装

### 一、钢构件除锈

#### 1. 实际案例展示

#### 2. 施工要点

1）在涂装之前，必须对钢构件表面进行除锈。除锈方法应符合设计要求或根据所用涂层类型的需要确定，并达到设计规定的除锈等级。常用的除锈方法有喷射除锈、抛射除锈、手工和动力工具除锈等。

2）喷射除锈和抛射除锈。

① 喷射除锈是利用经过油、水分离处理过的压缩空气将磨料带入并通过喷嘴以高速射向钢材表面，利用磨料的冲击和摩擦力将氧化皮、铁锈及污物等除掉，同时使表面获得一定的粗糙度，以利漆膜的附着。

抛射除锈是利用抛射机叶轮中心吸入磨料和叶尖抛射磨料的作用进行工作。抛射机内的磨料被叶轮加速后，射向物体表面，以高速的冲击和摩擦力除去钢材表面的铁锈和氧化皮等污物。

② 喷射和抛射除锈使用的（包括重复使用）磨料及种类喷射工艺指标，应符合表 11-1

的规定。

表 11-1　磨料种类及喷射工艺指标

| 磨料名称 | 磨料粒径<br>/mm | 压缩空气压力<br>/MPa | 喷嘴最小直径<br>/min | 喷射角/° | 喷距/mm |
|---|---|---|---|---|---|
| 石英砂 | 3.2~0.63,<br>0.8 筛余量大于40% | 0.50~0.60 | 6~8 | 35~70 | |
| 金刚石 | 2.0~0.63,<br>0.8 筛余量大于40% | 0.35~0.45 | | | 100~200 |
| 钢线粒 | 线粒直径1.0,长度等于直<br>径,其偏差小于直径的40% | 0.50~0.60 | 4~5 | 35~75 | |
| 铁丸或钢丸 | 1.6~0.63,0.8<br>筛余量大于40% | | | | |

③ 施工现场环境湿度高于80%，或钢材表面温度低于空气露点温度3℃时，禁止喷射除锈施工。

④ 喷射除锈后的钢材表面粗糙度，宜小于涂层总厚度的1/3~1/2。

3）手工和动力工具除锈。

手工除锈：主要是用刮刀、手锤、钢丝刷和砂布等工具除锈。

动力工具除锈：主要是用风动或电动砂轮、刷轮和除锈机等动力工具除锈。

钢材除锈后，应用刷子或无油、水的压缩空气清理钢材表面，除去锈尘等污物，并应在当天涂完底漆。

4）钢材表面除锈等级应符合设计要求。

5）钢材表面除锈等级及评定。

① 钢材表面除锈等级和质量要求，是以文字叙述和典型的样板照片共同确定的。样板照片参见《涂装前钢材表面锈蚀等级和除锈等级》（GB 8923—2008）。文字部分简述如下：

A. 喷射或抛射除锈的钢材表面，有四个除锈等级：

Sa1　轻度的喷射或抛射除锈。钢材表面应无可见油脂和污垢，并且没有附着不牢的氧化皮、铁锈和油漆涂层等附着物（仅适用于非重要结构）。

Sa2　彻底的喷射或抛射除锈。钢材表面应无可见油脂和污垢，并且表面的氧化皮、铁锈、油漆涂层等附着物已基本清除，其残留物应是牢固附着的（牢固附着是指氧化皮和铁锈等物不能用金属腻子刀从钢材表面上剥离下来）。

Sa2 $\frac{1}{2}$　非常彻底的喷射或抛射除锈。钢材表面应无可见的油脂、污垢、氧化皮、铁锈和油漆涂层等附着物，任何残留的痕迹应仅是点状或条纹状的轻微色斑。

Sa3　使钢材表观洁净的喷射或抛射除锈。钢材表面应无可见的油脂、污垢、氧化皮、铁锈和油漆涂层等附着物，并应显示均匀的金属色泽（仅适用于特殊要求下的重要结构）。

B. 手工和动力工具除锈的钢材表面，有两个除锈等级：

St2　彻底的手工和动力工具除锈。钢材表面应无可见的油脂和污垢，并且没有附着不牢的氧化皮、铁锈和油漆涂层等附着物。

St3　非常彻底的手工和动力工具除锈。钢材表面应无可见的油脂和污垢，并且没有附着不牢的氧化皮、铁锈、油漆涂层等附着物。除锈应比St2更彻底，钢材的显露部分应具有金属光泽。

② 除锈等级的检查评定。应在良好的散射日光下或在照度相当的人工照明条件下，用铲刀检查和目视进行检查评定，检查人员应具有正常的视力，不借助放大镜等器具。

## 二、涂装施工

### 1. 实际案例展示

### 2. 施工要点

1）涂料的配制应按涂料使用说明书的规定执行。当天使用的涂料应当天配制，不得随意添加稀释剂。用同一型号品种的涂料进行多层施工时，中间层应选用不同颜色的涂料，一般应选浅于面层颜色的涂料。

2）涂装遍数、涂层厚度应符合设计要求。当设计对涂层厚度无要求时，宜涂装两底两面，涂层干漆膜总厚度：室外应为 $150\mu m$，室内应为 $125\mu m$，允许偏差为 $-25\mu m$。

3）除锈后的金属表面与涂装底漆的间隔时间一般不应超过 6h；涂层与涂层之间的间隔时间，由于各种油漆的表干时间不同，应以先涂装的涂层达到表干后才进行上一层的涂装，一般涂层的间隔时间不少于 4h。涂装底漆前，金属表面不得有锈蚀或污垢；涂层上重涂时，原涂层上不得有灰尘、污垢。

4）禁止涂漆的部位：

① 高强度螺栓摩擦结合面。

② 机械安装所需的加工面。

③ 现场待焊部位相邻两侧各 50~100mm 的区域。

④ 设备的铭牌和标志。

⑤ 设计注明禁止涂漆的部位。

对禁止涂漆的部位，应在涂装前采取措施遮蔽保护。

5）不需涂漆的部位：

① 地脚螺栓和底板。

② 与混凝土紧贴或埋入的部位。

③ 密封的内表面。

④ 通过组装紧密结合的表面。

⑤ 不锈钢表面。

⑥ 设计注明不需涂漆的部位。

6）涂装施工可采用刷涂、滚涂、空气喷涂和高压无气喷涂等方法。宜根据涂装场所的条件、被涂物体的大小、涂料品种及设计要求，选择合适的涂装方法。

① 刷涂。

A. 对干燥较慢的涂料，应按涂敷、抹平和修饰三道工序操作。

B. 对干燥较快的涂料，应从被涂物的一边按一定顺序，快速、连续地刷平和修饰，不宜反复涂刷。

C. 漆膜的涂刷厚度应适中，防止流挂、起皱和漏涂。

② 滚涂。

A. 先将涂料大致地涂布于被涂物表面，接着将涂料均匀地分布开，最后让辊子按一定方向滚动，滚平表面并修饰。

B. 在滚涂时，初始用力要轻，以防涂料流落。随后逐渐用力，使涂层均匀。

③ 空气喷涂。空气喷涂法是以压缩空气的气流使涂料雾化成雾状，喷涂于被涂物表面的一种涂装方法。应按下列要点操作：

A. 喷枪压力：0.3～0.5MPa。

B. 喷嘴与物面的距离：大型喷枪为 20～30mm；小型喷枪为 15～25mm。

C. 喷枪应依次保持与钢材表面平行地运行，移动速度为 30～60cm/s，操作要稳定。

D. 每行涂层的边缘的搭接宽度应一致，前后搭接宽度一般为喷涂幅度的 1/4～1/3。

E. 多层喷涂时，各层应纵横交叉施工。

F. 喷枪使用后，应立即用溶剂清洗干净。

④ 高压无气喷涂。高压无气喷涂是利用高压泵输送涂料，当涂料从喷嘴喷出时，体积骤然膨胀而使涂料雾化，高速地喷涂在物面上。应按下列要点操作：

A. 喷嘴与物面的距离：大型喷枪为 32～38mm。

B. 喷射角度 30°～60°。

C. 喷流的幅度：

喷射大面积物件为 30～40cm。

喷射较小面积物件为 15～25cm。

D. 喷枪的移动速度为 60～100cm/s。

E. 每行涂层边缘的搭接宽度为涂层幅度的 1/6～1/5。

F. 喷涂完毕后，立即用溶剂清洗设备，同时排出喷枪内的剩余涂料，吸入溶剂做彻底的清洗，拆下高压软管，用压缩空气吹净管内溶剂。

6）漆膜在干燥过程中，应保持环境清洁。每一涂层完成后，均要进行外观检查。

7）当钢结构处在有腐蚀介质或露天环境且设计有要求时，应进行涂层附着力测试，可按照现行国家标准《漆膜附着力测定法》（GB 1720—1989）或《色漆和清漆、漆膜的划格试验》（GB 9286—1998）执行。在检测范围内，涂层完整程度达到 70% 以上即为合格。

8）二次涂装的表面处理和修补。二次涂装是指物件在工厂加工涂装完毕后，在现场安装后进行的涂装；或者涂漆间隔时间超过一个月再涂漆时的涂装。

① 二次涂装的钢材表面，在涂漆前应满足下列要求：

A. 现场涂装前，应彻底清除涂装件表面的油、泥、灰尘等污物，一般可用水冲、布擦或溶剂清洗等方法。

B. 表面清洗后，应用钢丝绒等工具对原有漆膜进行打毛处理，同时对组装符号加以保护。

C. 经海上运输的物件，运到港岸后，应用水清洗，将盐分彻底清洗干净。

② 修补涂层。现场安装后，应对下列部位进行修补：

A. 接合部的外露部位和紧固件等。

B. 安装时焊接和烧损及因其他原因损伤的部位。

C. 构件上标有组装符号的部位。

9）涂料、涂装遍数、涂层厚度均应符合设计要求。当设计对涂层厚度无要求时，涂层干漆膜总厚度：室外应为 $150\mu m$，室内应为 $125\mu m$，其允许偏差为 $-25\mu m$。每遍涂层干漆膜厚度的允许偏差为 $-5\mu m$。

10）涂装完成后，构件的标志、标记和编号应清晰完整。

# 第二节　钢结构防火涂料涂装

1）超薄型、薄涂型防火涂料涂装应符合下列要求：

① 薄涂型防火涂料的底涂层（或主涂层）宜采用重力式喷枪喷涂，其压力约为 0.4MPa。局部修补和小面积施工，可用手工抹涂。面涂层装饰涂料可刷涂、喷涂或滚涂。

② 双组分装薄涂型的涂料，现场调配应按说明书规定；单组分装的薄涂型涂料应充分搅拌。喷涂后，不应发生流淌和下坠。

③ 薄涂型防火涂料底涂层施工：

A. 钢材表面除锈和防锈处理应符合要求。钢材表面应清理干净。

B. 底涂层一般喷涂 2~3 次，每层喷涂厚度不超过 2.5mm，应待前一遍干燥后，再喷涂下一遍。

C. 喷涂时涂层应完全闭合，各涂层间应粘结牢固。

D. 操作者应采用测厚仪随时检测涂层厚度，其最终厚度应符合有关耐火极限的设计要求。

E. 当设计要求涂层表面光滑平整时，应对最后一遍涂层做抹平处理。

④ 薄涂型防火涂料面涂层施工：

A. 当底涂层厚度已符合设计要求，并基本干燥后，方可施工面涂层。

B. 面涂层一般涂饰 1~2 次，颜色应符合设计要求，并应全部覆盖底层，颜色均匀、轮廓清晰、搭接平整。

C. 涂层表面有浮浆或裂纹宽度不应大于 0.5mm。

2）厚涂型防火涂料涂装应符合下列要求：

① 厚涂型防火涂料宜采用压送式喷涂机喷涂，空气压力为 0.4 ~ 0.6MPa，喷枪口直径宜为 6 ~ 10mm。

② 厚涂型涂料配料时应严格按配合比加料或加稀释剂，并使稠度适宜，当班使用的涂料应当班配制。

③ 厚涂型涂料施工时应分遍喷涂，每遍喷涂厚度宜为 5 ~ 10mm，必须在前一遍基本干燥或固化后，再喷涂下一遍；涂层保护方式、喷涂遍数与涂层厚度应根据施工方案确定。

④ 操作者应用测厚仪随时检测涂层厚度，80% 及以上面积的涂层总厚度应符合有关耐火极限的设计要求，且最薄处厚度不应低于设计要求的 85%。

⑤ 厚涂型涂料喷涂后的涂层，应剔除乳突，表面应均匀平整。

⑥ 厚涂型防火涂层出现下列情况之一时，应铲除重新喷涂。

A. 涂层干燥固化不好，黏结不牢或粉化、空鼓、脱落时。

B. 钢结构的接头、转角处的涂层有明显凹陷时。

C. 涂层表面有浮浆或裂缝宽度大于 1.0mm 时。

3）钢结构防火涂层不应有误涂、漏涂，涂层应闭合，无脱层、空鼓、明显凹陷、粉化松散和浮浆等外观缺陷，乳突已剔除；保护裸露钢结构及露天钢结构的防火涂层的外观应平整，颜色装饰应符合设计要求。